冶金工业出版社

普通高等教育"十四五"规划教材

矿物材料加工工艺技术

黄万抚　曾祥荣　黄李金鸿　编著

北　京
冶　金　工　业　出　版　社
2024

内 容 提 要

本书介绍了矿物材料的特点、性质、常用加工工艺，并叙述了各领域中应用矿物材料的情况，重点介绍了石墨、云母、黏土矿物、电气石、蛇纹石、白云石等矿物材料的性质、加工工艺和用途。

本书可作高等学校、科研院所、矿业企业等从事矿物加工、非金属矿物材料等学科专业教材使用，也可供矿业工程、地质等专业的工程技术人员阅读参考。

图书在版编目（CIP）数据

矿物材料加工工艺技术 / 黄万抚，曾祥荣，黄李金鸿编著. -- 北京 ：冶金工业出版社，2024. 10.
（普通高等教育“十四五”规划教材）. -- ISBN 978-7-5240-0000-6

Ⅰ. P57

中国国家版本馆 CIP 数据核字第 20246BH758 号

矿物材料加工工艺技术

出版发行 冶金工业出版社 **电　话** (010)64027926
地　址 北京市东城区嵩祝院北巷 39 号 **邮　编** 100009
网　址 www. mip1953. com **电子信箱** service@ mip1953. com

责任编辑 曾 媛 赵缘园 美术编辑 吕欣童 版式设计 郑小利
责任校对 李欣雨 责任印制 禹 蕊
三河市双峰印刷装订有限公司印刷
2024 年 10 月第 1 版，2024 年 10 月第 1 次印刷
787mm × 1092mm 1/16；11 印张；265 千字；163 页
定价 49. 00 元

投稿电话 (010)64027932 投稿信箱 tougao@ cnmip. com. cn
营销中心电话 (010)64044283
冶金工业出版社天猫旗舰店 yjgycbs. tmall. com
（本书如有印装质量问题，本社营销中心负责退换）

前　言

材料工业是现代人类文明社会的支柱产业之一。新材料的开发、性能和产量已经成为衡量一个国家现代化程度的标志。矿物材料作为古老而又新型的材料，研究的是如何直接将矿物作为材料加以应用，可见，矿物材料要求尽量保留其天然矿物本身的主要特性。因矿物材料具有许多特殊功能，矿物材料已被纳入功能材料的研究范围。

矿物材料是一类天然的、储量丰富，且具有独特结构的矿物。因其纯度、性状的不同，其用途也大不相同。矿物材料的传统应用领域主要为造纸、橡胶填料、涂料等。如何提高矿物材料的性状，使其具有更广阔的用途和更高的附加值，是各矿物学家乃至材料学家急需解决的主要问题。

本书将努力以科学的视角，表述矿物材料及其加工工艺，及其产品的性状特点，揭示矿物与所制备的各类功能材料间的内在关联。加之，近年来有关传统天然矿物制备各类功能材料、复合材料的报道越来越多，我们希望在本书中也能有所反映。

全书共分10章，第1章主要介绍矿物材料的特点，包括矿物材料的基本性质、研究开发工艺和分类；第2章主要介绍矿物材料的性质，包括矿物材料的颗粒特性、光学性质、力学性质、热学性质、电磁学性质；第3章主要介绍矿物材料的常用加工工艺，包括矿物材料提纯工艺、颗粒形态处理工艺、热处理工艺、界面处理及改性工艺、改型处理、产品的成型及后处理等；第4章主要介绍各领域中应用矿物材料情况，包括保温矿物材料、绝缘矿物材料、填料矿物材料、农用矿物材料、药用矿物材料、环保矿物材料、研磨矿物材料、宝玉石矿物材料、矿物功能材料等；第5章主要介绍石墨材料，包括石墨的性质、石墨坩埚、石墨层间化合物、氟化石墨和柔性石墨、胶体石墨、石墨烯；第6章主要介绍云母材料，包括片状云母及云母纸的加工工艺、云母粉、云母陶瓷、云母塑料、珠光云母；第7章主要介绍黏土矿物，包括黏土和黏土矿物、黏土矿物的物化性质、高岭石、蒙脱石、坡缕石、海泡石、累托石、硅藻土、伊利石；第 8 章主要介绍电气石，包括电气石的理化性质、水溶液特性及其在水处理中的应用；第 9 章主要介绍蛇纹石，包括蛇纹石的物理化学性质、分类、鉴定特征、用途、综合利用；第 10 章主要介绍白云石，包括白云石矿资源分布与开发现状、白云石的物理化学性质介绍、白云石矿产品的用途及其标准、白云石的综合利用、白云石在炼钢工业中的应用、白云石在耐火砖与耐火材料制品的应用、白云石在陶瓷行业中的应用、白云石在环保与节能领域的应用、白云石在农业领域的应用。

本书由江西理工大学黄万抚负责统稿，并编写第 1～3 章；赣南科技学院曾祥荣负责编写第 4、6、7 和 10 章；江西理工大学黄李金鸿负责编写第 5、8 和 9 章。

本书是作者经多年教学和开展相关科研工作的成果汇总，相关研究先后获得“国家重点基础研究发展计划（编号 2011CB411913）”“国家自然科学基金项目（编号 51864017）”等资助，在此对各资助单位及为本书写作、出版提供了无私帮助的各位同仁表示衷心感谢。

本书力图详细介绍矿物材料加工技术，但鉴于作者水平和视野所限，加上矿物材料领域发展日新月异，很多新方法、新工艺、新品种、新用途不断呈现，难以全面阐述，书中不足之处在所难免，恳请读者批评指正。

作 者

2024 年 6 月

目　　录

1 矿物材料概述

❖ 本章提要

全面地概述矿物材料。首先，明确矿物材料的基本概念，深入探讨矿物材料的特点，以及矿物材料的基本物理和化学性质，进一步探讨矿物材料的研究与开发工艺，揭示从原矿开采到材料加工的全过程。同时，根据矿物名称、结构、功能以及应用领域等方面对矿物材料进行细致的分类，以全面认识矿物材料的多样性。最后，还将对我国矿物材料相关的产业政策进行深入分析。通过本章的学习，可以对矿物材料有一个系统而深入的了解，为后续章节中更专业的探讨打下基础。

1.1 矿物材料的概念

矿物材料学是一门新兴学科，它是介于矿物学、选矿学、材料学之间的边缘学科，研究如何将自然界的矿物直接作为材料而加以利用。因此，保留矿物本身的主要特性，直接将矿物作为材料使用，这种矿物就叫作矿物材料。其是以天然矿物（主要是非金属矿物）和岩石为主要原料，以利用其技术物理性能和化学性能为主要目的，经过必要的加工处理和制备后所获得的材料产品。

通常将矿物分为三类：金属矿物、非金属矿物和燃料矿物。金属矿物是指通过冶炼提取其中的金属元素为最终利用目的的矿物，如铁矿物是通过冶炼后提取利用其中的铁元素，钨矿物则是通过冶炼提取利用其中的钨。非金属矿物则大多数是指直接利用其天然矿物所固有的物理化学特性的一些矿物，如高岭土、石英等，都是直接用作材料应用的矿物。燃料矿物是指通过热化学反应，提取利用其中的热能的矿物，如煤主要是通过燃烧后获取其中的热能。显然，传统意义上的金属矿物和可燃矿物的利用手段是以改变矿物原有的化学结构来达到利用目的，即改变了矿物本身的微观结构，来实现矿物的价值。非金属矿物则利用了其宏观结构的技术物理特性，大多不改变矿物的微观结构。根据矿物材料的定义可知，矿物材料与目前应用的非金属矿物概念相近，但又包含了金属矿物和燃料矿物，即只要是将目前应用的金属矿物或燃料矿物不破坏其原有的微观结构，且保留其宏观的技术物理特性而加于利用，则这种金属矿物或燃料矿物也属于矿物材料，如赤铁矿可直接用于作铁红，此时的赤铁矿即是矿物材料。所以，矿物材料的范畴比目前的非金属矿物所指的范畴大，广义地说矿物材料包含了自然界中的各种矿物，包括金属矿物、非金属矿物和燃料矿物。

矿物材料的研究发展简史，矿物材料的应用可以说是最古老的。远在石器时代，人类就使用了天然矿物制作工具，但当时只是一种无意识的应用。随着社会的发展，人类逐渐掌握了金属的冶炼技术，金属材料的应用也逐渐得到了发展，并渐渐超过了天然矿物的应用，到了铜器时代和铁器时代，已经是金属材料占绝对优势。但在近代，随着研究手段的发展及人类对天然矿物性质的深入了解，人们发现天然矿物有许多性质是人造物品所无法与之相比的。如耐高温材料，人类至今也未能造出可达到石墨矿的耐高温性能的材料，石墨矿熔点 3850 ℃，气化温度 4500 ℃，在 7000 ℃的超高温条件下加热 10 s 的质量损失为 0.8%，而人造的最耐高温金属材料在此条件下的质量损失为 12.9%，并且在 2500 ℃时石墨的强度反而比室温时的强度提高一倍；又比如耐腐蚀抗氧化性能方面，许多天然矿物也大大优于金属材料的耐腐蚀抗氧化性能。正因为如此，对天然矿物的开发和利用又重新受到了人们的重视，并获得了迅速的发展。现在对矿物材料的开发应用程度已是衡量一个国家工业化程度的标志。有人预言 21 世纪将是人类的第二个石器时代，这是指在 21 世纪人类将大量的开发应用矿物材料。还有人说在一个国家的经济中，矿物材料的产值首次超过金属矿物的产值时，即是这个国家工业成熟的界线。矿物材料的产值超过金属矿物产值的现象在英、美两个国家中出现的时间为：英国在 20 世纪初，美国在 1934 年，到了 20 世纪 70 年代这两个国家中矿物材料与金属矿物的产值比达到 2∶1，到 1986 年达到 3∶1。世界范围内，自 20 世纪 50 年代开始，矿物材料的消耗量每十年增长 50%~60%，目前年总产值超过几千亿美元，其中各国的出口量都超过千亿美元，年增长率约 3%。

与发达国家相比，我国对矿物材料的研究和开发时间较晚，2012 年出口额约 10 亿美元，仅占世界出口额的 2%，且大多为初加工的原材料。就我国的矿产资源而言，我国的矿物资源种类繁多，为资源品种大国，且有自身的特点，相当数量的矿产资源储量居于世界前列，如钨、稀土、石墨、氧化镁、煤等矿物，因此，我国在矿物材料的研究和开发方面存在巨大的潜力，尤其是那些针对我国矿产资源特点的矿物材料研究开发工作，前景更加广阔。

1.2 矿物材料的特点

（1）多用性。这是指一种矿物具有多种用途。如纤维蛇纹石石棉有 3000 多种制品应用在不同的方面；以蒙脱石为主要成分的膨润土可用于石油钻井泥浆、铁矿球团黏结剂、食用油的脱色剂、石油的净化、酒和饮料的澄清、污水处理、防水密封、农药载体、化妆品原料等各个行业。

（2）多样性。所谓多样性是指矿物种类繁多，以及矿物性质的复杂性。已知天然矿物达 3000 多种，成分结构非常复杂，而且每种矿物都具有各自独特的物理化学性质和工艺性质。在 20 世纪初，人类开发应用的矿物材料不足 60 种，21 世纪前 20 年已开发应用的矿物材料达 200 多种，可见，矿物材料仍有着巨大的研究开发应用潜力。研究开发矿物材料的原则是变无用为有用，变小用为大用。

（3）储量大，价格低。矿物材料与人工合成材料相比较，一般都具有储藏量巨大，生产成本低的特点。

（4）应用面广。目前矿物材料的应用几乎已涉及所有的工业领域，包括建材、冶金、化工、机械、轻纺、电子、农业、食品、医药、环保、宝石、工艺美术等各个领域和部门，尤其是那些需要抗高强度、高速、耐高温、轻质、绝缘、耐腐蚀等特殊要求的地方，更是矿物材料大显身手的地方。

（5）替代性强。这是指那些具有相似性质的矿物在应用中可以相互替代。

（6）经济效益显著。矿物材料的研究开发，可获得巨大的经济效益，且随着矿物材料的开发深度和广度不同，所得到的经济效益也不一样。如散装膨润土30美元/吨，有机膨润土2400～3600美元/吨，增值达80～120倍；石墨原矿500美元/吨，石墨密封材料7000美元/吨，增值达到14倍，而石墨乳为10000美元/吨，增值达到20倍。

1.3 矿物材料的基本性质

矿物材料的基本性质包括矿物材料的光学性质、力学性质、热学性质和电磁学性质、表面性质等：

（1）光学性质。矿物材料的光学性质是指矿物性质中与光有关的性质，包括颜色、折射率、光泽、白度、透明度、发光性、反射性等，如宝石材料要求具有美丽的颜色，纸张填料要求具有高的白度，石材方面还要求具有一定的光泽度，所谓光泽度是指物质表面对光的反射量。白钨矿和萤石等在紫外线照射下会发出荧光。

（2）力学性质。矿物材料的力学性质是指矿物在外力作用下所表现出来的各种物理性质，包括矿物的密度、硬度、耐磨性、解理、机械形变、抗压强度、抗折强度、抗拉强度等。

（3）热学性质和电磁学性质。矿物材料的热学性质和电磁学性质是指矿物在受热状态中或处于电磁场中时所表现出来的各种性质，包括导热性、膨胀性、耐热性、磁性、导电性、介电性、压电性、焦电性等。

（4）表面性质。矿物材料的表面性质是指矿物材料颗粒的各种表面性质，主要包括矿物颗粒的比表面积、表面能、吸附性、表面电性、润湿性等。

（5）亲水性与憎水性。水可以在材料表面铺展开，即材料表面可以被水浸润，此种性质称为亲水性，具备此种性质的材料称为亲水性材料。若水不能在材料表面上铺展开，即不能被浸润，则称为憎水性，材料称为憎水性材料。

（6）吸湿性。吸湿性是材料在空气中吸收水蒸气的性质，用含水率表示。即材料中所含水的质量与材料绝干质量的百分比称为含水率。材料吸湿或干燥至与空气温度相平衡时的含水率称为平衡含水率。建筑材料在正常使用状态下，均处平衡含水状态。

（7）耐久性。材料抵抗各种破坏因素或腐蚀介质的长期作用，保持其原有的主要性质的能力称为材料的耐久性。材料的组成、结构、性质和用途不同，对耐久性的要求也不同，耐久性一般包括材料的抗渗性、抗冻性、耐腐蚀性、抗老化性、耐溶蚀性、耐光性、耐磨性等。不同材料所要求保持的主要性质也不相同，如对于结构材料，主要要求强度不显著降低；对于装饰材料则主要要求颜色、光泽等不发生显著变化等。

1.4 矿物材料的研究开发工艺

矿物材料的研究开发工艺包括矿物原料的加工、提纯和处理，以及对矿物的物理、化学性质、生产过程与加工工艺等方面的性质优化研究。其研究工序可用图1-1表示。

第一步，必须对矿物原料及其性质进行深入研究，即不断改进矿物原料的质量和开发新的原料，并不断发现新的有利用价值的矿物资源；第二步，对矿物原料的加工工艺进行

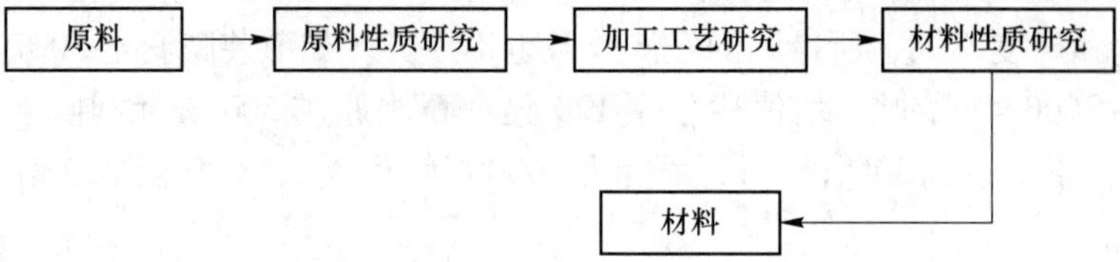

图 1-1 矿物材料的研究工序

研究，即根据矿物原料的性质和特点，以及对矿物材料性质的要求，设计合理的加工工艺；第三步，对得到的最终矿物材料进行研究，包括矿物材料物质成分的研究、结构构造分析、各种物理和化学性质的测试等。通过这些研究工作获得性能优异的矿物材料。

1.5 矿物材料的分类

矿物材料可按以下三种方法进行分类：按矿物材料中主要矿物名称分类、按矿物材料的结构分类和按矿物材料的功能分类。

1.5.1 按矿物材料中主要矿物名称分类

按矿物材料中主要矿物名称分类是用矿物材料中最主要的矿物名称来命名。如石棉材料、石墨材料、云母材料等，这是指在这些矿物材料中的主要矿物为石棉、石墨、云母等。

按矿物材料中主要矿物名称分类是一种最古老的分类方法，由于被开发利用的矿物材料越来越多，并且对同一功能所应用的矿物材料常常又可以相互代用，因此这种分类方法已逐渐显现出了它的局限性，这就要求有其他的分类方法来加以丰富和补充。

1.5.2 按矿物材料的结构分类

按矿物材料的结构分类是根据矿物材料中的物质组成及其相互关系来分类。按矿物材料的结构通常分为单一矿物材料和复合材料两大类，其中复合材料又分为无机复合材料、无机与有机复合材料和混杂复合材料三类。

1.5.2.1 单一矿物材料

单一矿物材料是指那些主要由某一单一矿物所组成的材料，称为单一矿物材料，如柔性石墨纸、石墨填料、碳纤维、石墨纤维、电气云母片、钻石、膨胀珍珠岩、轻质碳酸钙和重质碳酸钙等。

1.5.2.2 复合材料

复合材料是指由矿物材料与其他材料组成的混合体系，称为复合材料。复合材料又分为无机复合材料、无机与有机复合材料和混杂复合材料三类。

A 无机复合材料

无机复合材料是指由两种或两种以上无机矿物材料组成的体系，称为无机复合材料。如石棉水泥制品、微孔硅酸钙和陶瓷材料等。

需指出的是，在复合材料中通常只要复合材料的基体（基体是指复合材料中的连续相）是矿物材料，即使在复合材料中使用了部分其他类材料（有机或金属材料）作增强材料时也称为无机复合材料。如钢纤维水泥和纸纤维石膏板等都属于无机复合材料。

B 无机与有机复合材料

无机与有机复合材料是指将无机矿物材料作为增强材料，与有机高分子聚合物材料复合而成的体系。如汽车制动器刹车片、火车合成闸瓦、玻璃钢制品和石棉橡胶板等。

C 混杂复合材料

混杂复合材料是指由两种或两种以上的普通复合材料构成的体系。通常指由两种不同特性的纤维作为增强材料混杂在基体中的材料。混杂复合材料被认为是复合材料的最新研究成果，也称为“复合材料的复合材料”。如高性能小轿车的摩阻材料、飞机用摩阻材料、航空和能源部门使用的高强结构材料等许多即是混杂复合材料。又如雷达天线罩、潜艇声呐导航罩、具有隐身技术的军工材料和远程导弹弹头等，也都是使用这种混杂复合材料。

目前已得到较广泛应用的混杂复合材料体系主要有碳纤维-玻璃纤维/环氧树脂材料、碳-芳纶/环氧树脂材料、玻璃纤维-芳纶/环氧树脂材料、纤维复合材料/金属超混体系等复合材料。

1.5.3 按矿物材料的功能分类

按矿物材料的功能分类是根据矿物材料的使用性能和用途的不同来进行分类。如利用矿物材料的电、磁、光、热、摩擦、表面化学反应、胶体性质和填充密封性质等的不同性质进行划分。通常主要分为9大类：力学功能材料、热学功能材料、电与磁功能材料、光功能材料、吸附功能材料、黏结与覆盖功能材料、填料与增强功能材料、装饰功能材料和原子能核反应堆功能材料等。

1.5.3.1 力学功能材料

以利用矿物的力学性质为主的矿物材料，称为力学功能材料。力学功能材料通常又可分为以下三类：

（1）新型建筑结构矿物材料。包括各种无机复合材料和矿物-聚合物基复合材料，如石棉水泥制品、硅酸钙板、纤维石膏板、氯氧镁水泥制品、云母-树脂材料、石棉-树脂材料、矿物填料-塑料制品等。

（2）精细陶瓷高强结构矿物材料。如碳、石墨、碳化物、氧化物、硅化物、硼化物、氮化物，以及各种精细陶瓷制品等属于这一类。

（3）硬质耐磨矿物材料。包括切削用功能材料、研磨功能材料、耐磨功能材料、摩擦功能材料、减摩润滑材料和密封材料等矿物材料属于这一类。如属于切削功能材料的金刚石刀具、玻璃刀和立方氮化硼等；属于研磨功能材料的有金刚石砂轮、研磨膏、石榴石磨料、石英砂和海泡石磨料等；属于耐磨功能材料的有铸石、油石、金刚石等；属于摩擦功能材料的有纤维-树脂基制动器衬片、石棉橡胶刹车带、碳-石墨基制动器衬片、石墨-树脂基离合器面片等；属于减摩润滑材料的有碳-石墨轴承、云母陶瓷、滑石粉和石墨粉等为固体摩擦材料，石墨油膏、石墨乳和有机膨润土润滑脂等为润滑脂和脱模剂；属于密封材料的有夹金属层石墨填片、石棉橡胶板、乳胶板和石棉石墨基垫片等为静态密封材料，石棉盘根和碳纤维模压密封填料环等为动态密封材料。

1.5.3.2 热学功能材料

以利用矿物的耐热、传热和导热等热学性质的矿物材料，称为热学功能矿物材料。通常又可分为以下四类：

（1）耐火与高温绝热矿物材料。这一类又可分为高温耐火器具，如石英坩埚、石墨坩埚、碳-石墨电极和高温陶瓷炊具等；冶金耐火材料，如全炭砖、镁碳砖、镁铝砖等；耐火绝热材料，如硅酸铝耐火纤维、高硅氧纤维和高铝纤维及其制品等。

（2）绝热与隔音矿物材料。这一类矿物材料又分为：1）纤维型材料，如石棉、纤维海泡石、纤维水镁石绒、岩棉、玻璃棉和矿棉等；2）发泡型材料，如泡沫石棉、泡沫玻璃和加气混凝土等；3）多孔型材料，如膨胀蛭石、膨胀珍珠岩、微孔硅酸钙、玻璃微珠和石棉白云石制品等；4）保温涂料，如石棉硅藻土涂料、海泡石基复合硅酸盐涂料和膨胀珍珠岩保温胶泥。

（3）导热与集热矿物材料。属于导热矿物材料的主要有碳-石棉制品、金刚石、氮化硼精细陶瓷等；属于集热矿物材料的主要有碳化铌、氟化石墨高能电池、海泡石、黏土集热材料等。

（4）抗热震与低热膨胀矿物材料。抗热震矿物材料有精细陶瓷高温炉衬、三氧化二铝、氧化镁、二氧化钛等；低热膨胀矿物材料有莫来石、天青石、氧化锆精细陶瓷等。

1.5.3.3 电与磁功能材料

这是利用矿物的电性和磁性的矿物材料，称为电与磁矿物功能材料。这一类又可分为六类：

（1）电传导矿物材料。这是指用于电传导的矿物材料，如碳-石墨电极、电阻发热体、氟化石墨制品和胶体石墨等都属于这一类。

（2）磁性矿物材料。这是指具有强磁性的矿物材料，如硬磁体-铁氧体磁铁、软磁性体、铁磁流体等。

（3）半导体矿物材料。这是指具有半导体性质的矿物材料，如金刚石、热敏电阻、太阳能电池、非线性电阻和陶瓷半导体等。

（4）压电性矿物材料。这是指那些具有压电性质的矿物材料，如压电水晶等。

（5）介电性矿物材料。这是指可用作电介质的矿物材料，如云母电容器、氧化锆电池等。

（6）电绝缘矿物材料。这是指可用作绝缘体的矿物材料，如云母制品、石棉-树脂制品、电瓷瓷瓶、大理石绝缘板等。

1.5.3.4 光功能材料

光功能材料是指主要利用矿物的光学性质的矿物材料。这一类矿物材料又可分为三类：

（1）光传导矿物材料。这是指用于光传导方面的矿物材料，如光通信电缆的填料、涂蛭石纤维光导系统和光记忆玻璃等。

（2）荧光性矿物材料。这是指具有荧光性质的矿物材料，如红宝石激光材料、珠光云母、萤石和白钨矿等。

(3) 聚光、透光、感光和偏振光矿物材料。指那些应用于聚光、透光、感光和偏振光方面的矿物材料，如光学水晶、荧光摄谱仪等。

1.5.3.5 吸附功能材料

吸附功能材料是指利用矿物颗粒的表面吸附性的矿物材料。通常又可分为两类：

(1) 催化与载体功能矿物材料。指可用作催化剂与载体的矿物材料，如沸石分子筛、氧化铝载体、高吸附性硅胶、硅藻土载体、海泡石生物活化载体等。

(2) 助滤、脱色、净化吸附矿物材料。指可用于助滤、脱色、净化等的矿物材料，如合成沸石、硅藻土助滤剂、活性白土、膨润土干燥剂等。

1.5.3.6 黏结与覆盖功能材料

黏结与覆盖功能材料是指利用矿物颗粒的表面活性及其大比重，而具有黏结与覆盖作用的矿物材料。通常用作覆盖剂的矿物材料是重晶石；可用作黏结剂的矿物材料有膨润土浆料、碳类油墨等。

1.5.3.7 填料与增强功能材料

填料与增强功能材料指具有轻质、高强等特性的矿物材料。如高岭土、碳酸钙、硅胶、白炭黑、石墨、云母粉、滑石粉、微珠、氧化铁、氧化锌、氧化镁和氧化铝等。

1.5.3.8 装饰功能材料

装饰功能材料指可应用于装饰材料的矿物材料。通常又分为六类：

(1) 装饰级金刚石。指用作装饰的金刚石，如净水钻等各种色级的钻石。

(2) 氧化物类宝石。指由氧化物类矿物构成的宝石，如红宝石、蓝宝石、石榴石、玛瑙、水晶等。

(3) 硅酸盐类矿物宝石。指由硅酸盐矿物构成的宝石，如镁铝石榴石、祖母绿、红柱石、黄晶、橄榄石、蓝晶石、翡翠等。

(4) 其他矿物宝石。如磷灰石、方解石、重晶石、孔雀石、萤石、白钨矿等矿物宝石。

(5) 玉石。指非晶类的矿物且用作玉石的矿物，如玛瑙、石英质玉石、蛇纹石、虎箔等。

(6) 工艺石料及彩石。指各种可用于装饰的矿物材料，如叶蜡石、大理石、花岗岩、砚石等。

1.5.3.9 原子能核反应堆功能材料

原子能核反应堆功能材料指应用于原子能核反应堆中或用于建造原子能核反应堆的矿物材料，又可分为两类：

(1) 核反应堆矿物材料。指直接应用于核反应堆中的矿物材料，如碳-纯鳞片石墨、碳化硅等。

(2) 热核反应堆真空第一壁矿物材料。指应用于建造核反应堆第一壁所使用的矿物材料，如碳、碳化铋、碳化硼等。

由以上的矿物材料分类可以看出，矿物材料种类繁多、分类复杂，用途十分广泛，几乎在目前所有工业、农业、环保等各个领域均有应用，所以矿物材料的开发研究是极有意义的。

1.5.4　按矿物材料的不同领域分类

随着矿物材料技术的发展，其深加工及应用研究也不断发展和深入，20 世纪 80 年代初，开始出现“岩石矿物材料”“矿物岩石材料”“矿物材料”“矿物功能材料”“纳米矿物材料”“生物矿物材料”“特种矿物材料”等术语，并逐步形成了“矿物材料学”这一新兴边缘学科。

1.6　我国矿物材料相关的产业政策分析

1.6.1　行业准入条件

1.6.1.1　水泥行业准入条件（摘选）

（1）投资新建或改扩建水泥（熟料）生产线、水泥粉磨站，要符合国家产业政策和产业规划，符合省级水泥行业发展规划及区域、产业规划环评要求，和项目当地资源、能源、环境、经济发展、市场需求等情况相适应，其用地必须符合土地供应政策和土地使用标准。

（2）投资新建水泥（熟料）生产线项目的企业应是在国内大陆地区现有从事生产经营的水泥（熟料）企业。

（3）严禁在风景名胜区、自然保护区、饮用水保护区和其他需要特别保护的区域内新建水泥（熟料）项目。禁止在无大气环境容量的区域内新建水泥（熟料）生产项目，对该区域已有水泥（熟料）生产企业的改造项目要做到“以新代老、减排治污”。

（4）新建项目要取得土地预审、矿山开采许可、环境影响评价批复后方可立项核准，必须依法取得国有建设用地使用权后方可开工。

（5）鼓励对现有水泥（熟料）生产线进行低温余热发电、粉磨系统节能、变频调速和以消纳城市生活垃圾、污泥、工业废弃物可替代原料、燃料等节能减排的技术改造投资项目。

（6）新建水泥（熟料）生产线要采用新型干法生产工艺。单线建设要达到日产 4000 吨级水泥熟料规模，经济欠发达、交通不便、市场容量有限的边远地区单线最低规模不得小于日产 2000 吨级水泥熟料（利用电石渣生产水泥熟料和特种水泥生产除外）。

（7）新建水泥（熟料）生产线要配置纯低温余热发电，有可供设计开采年限 30 年以上的水泥用灰岩资源保证，并做到规范矿山勘探、设计、开采。做好资源综合利用，加强环境保护，及时复垦绿化，严防水土流失。

（8）新建水泥粉磨站的规模要达到年产水泥 60 万吨及以上。边远省份单线粉磨系统不得低于年产 30 万吨规模。

粉磨站的建设应靠近市场、有稳定的熟料供应源和就近工业废渣等大宗混合材的来源地，要配套 70% 以上散装能力。

（9）新建水泥（熟料）生产线可比熟料综合煤耗、综合电耗、综合能耗和可比水泥综合电耗、综合能耗要达到国家规定的单位水泥能耗限额标准。

(10) 水泥粉磨站可比水泥综合电耗≤38 kWh/t。

(11) 利用工业废渣作为水泥混合材的，其废渣品种、品质和掺加量要符合国家标准。

(12) 年耗标准煤5000吨及以上的企业，应按国家《节约能源法》规定，开展能源审计和能效环保评价检验测试，提供准确可靠的能耗数据和环境污染的基本数据。

(13) 水泥（熟料）建设项目环境影响评价要符合环保部门的有关规定。

新建或改扩建水泥（熟料）生产线项目，必须依法编制环境影响评价文件；严格执行环境保护设施与主体工程同时设计、同时施工、同时投入使用的环境保护“三同时”制度，严格落实各项环保措施；新建或改扩建水泥（熟料）生产线项目未经环保部门验收的不得投产。

(14) 严格执行《水泥工业大气污染物排放标准》和《水泥工业除尘工程技术规范》以及可替代原料、燃料处理的污染控制标准。对水泥行业大气污染物实行总量控制，新建或改扩建水泥（熟料）生产线项目须配置脱除 NO_x 效率不低于60%的烟气脱硝装置。新建水泥项目要安装在线排放监控装置，并采用高效污染治理设备。

(15) 水泥用灰岩开采应符合矿产资源规划，并严格按照业经批复的矿产资源开发利用方案进行。要分别制定矿山生态、地质环境保护方案和土地复垦方案，严格执行矿山生态恢复治理保证金制度，并按照审查通过的方案进行矿山生态、地质环境恢复治理和矿区土地复垦。

(16) 水泥（熟料）生产企业要按《水泥产品生产许可证实施细则》的要求取得产品生产许可证，出厂水泥（熟料）产品质量要符合相关产品标准。

1.6.1.2 平板玻璃准入条件（摘选）

(1) 新建或改建升级（以下简称改建）平板玻璃生产项目，必须符合国家产业政策和产业规划，符合土地利用总体规划、土地供应政策和土地使用标准的规定。新建或改建平板玻璃生产企业用房，必须符合城乡规划的要求。

(2) 为促进生产力合理布局和东中西部协调发展，对平板玻璃实施分地区指导和区别对待的政策。

(3) 新建或改建平板玻璃项目整体技术和装备水平应接近国际先进水平。鼓励使用天然气作为燃料，严格限制发生炉煤气为燃料。现有生产线应结合“熔窑大修”按照准入条件要求，进行技术改造升级。在大修时，应淘汰煤气发生炉装置，采用其他清洁能源。

(4) 建线规模：新建或改建平板玻璃生产线熔窑规模应在500 T/D以上（超薄线除外）。

(5) 特殊品种优质浮法玻璃生产线是指：能生产电子工业用超薄（1.3 mm以下）、太阳能产业用超白（折合5 mm厚度可见光透射率大于90、节能建筑用Low-E等三种优质浮法玻璃生产线）。

(6) 国家定期公布符合平板玻璃行业准入条件生产线名单。

1.6.1.3 镁行业准入条件（摘选）

(1) 现有镁冶炼企业生产能力准入规模应不低于1.5万吨/年；改造、扩建镁冶炼项目，生产能力应不低于2万吨/年；新建镁及镁合金项目，生产能力应不低于5万吨/年。

鼓励大中型优势镁冶炼企业并购小型镁厂。

（2）新建镁及镁合金项目，选择符合镁冶炼要求的白云石资源，采用热法炼镁且生产效率高、工艺先进、能耗低、环保达标、资源综合利用效果好的生产工艺系统。其工艺技术指标为：还原镁收率≥80%、硅铁中硅利用率≥70%、粗镁精炼收率≥95%。必须拥有资源综合利用、节能、冶炼尾气余热回收、收尘和低 SO_2 尾气浓度治理的工艺及设备；创造条件对还原渣进行综合利用。必须满足国家《节约能源法》《清洁生产促进法》《环境保护法》等法律法规的要求。

1.6.1.4　粘胶纤维行业准入条件（摘选）

（1）严禁新建粘胶长丝项目。严格控制新建粘胶短纤维项目，新建项目必须具备通过自主开发替代传统棉浆、木浆等新型原料，并实现浆粕、纤维一体化，或拥有与新建生产能力相配套的原料基地等条件。鼓励和支持现有粘胶短纤维生产企业整体搬迁进入工业园区。

（2）改扩建粘胶纤维项目，要充分利用资源和能源，实施清洁生产和循环利用。鼓励和支持现有粘胶纤维企业通过技术改造淘汰落后产能，优势企业并购重组，提升产业集中度和整体竞争能力。

（3）为推动行业技术进步和产品开发，允许粘胶纤维企业、科研机构等单位建设一条用于小试或中试的生产能力不大于 5000 吨、产品差别化率高于 90% 的生产线，重点用于技术研究、产品开发等。

（4）新建和改扩建粘胶纤维项目要符合《产业结构调整指导目录》的要求，采用产污强度小、节能环保的工艺和设备，鼓励生产差别化、功能化、高性能、绿色环保型产品。

（5）改扩建粘胶纤维项目总生产能力要达到：连续纺粘胶长丝为年产 10000 吨及以上；粘胶短纤维为年产 80000 吨及以上，产品差别化率高于 30%。

1.6.1.5　纯碱行业准入条件（摘选）

（1）新建、扩建纯碱项目应符合下列规模要求：氨碱厂设计能力不得小于 120 万吨/年，其中重质纯碱设计能力不得小于 80%。联碱厂设计能力不得小于 60 万吨/年，其中重质纯碱设计能力不得小于 60%，必须全部生产干氯化铵。天然碱厂设计能力不得小于 40 万吨/年，其中重质纯碱设计能力不得小于 80%。

（2）新建、扩建纯碱项目，应积极采用先进的工艺技术，选用节能、环保的设备，主要工段、设备参数应实现在线检测并采用 DCS 控制系统。

（3）氨碱法能耗要求：轻质纯碱综合能耗小于等于 370 千克标准煤/吨碱，氨耗小于等于 3.5 千克/吨碱，盐耗小于等于 1500 千克/吨碱（不含海水化盐）。

（4）联碱法能耗要求：双吨综合能耗小于等于 245 千克标准煤，氨耗小于等于 340 千克/吨碱，盐耗小于等于 1150 千克/吨碱。

（5）天然碱法能耗要求：综合能耗小于等于 550 千克标准煤/吨碱。

1.6.1.6　玻璃纤维行业准入条件（摘选）

（1）严禁新建和改扩建中碱玻璃纤维池窑法拉丝生产线。新建无碱玻璃纤维池窑法粗纱拉丝生产线（单丝直径 >9 微米）单线规模达到 50000 吨/年及以上，细纱拉丝生产线（单丝直径 <9 微米）单线规模达到 30000 吨/年及以上。新建玻璃纤维代铂坩埚法拉丝生产线必须是生产高性能或特种成分的玻璃纤维，单丝直径小于 7 微米的细纱，且产品质量和规格达到国际标准，生产规模不小于 2000 吨/年。

（2）禁止新建无碱、中碱玻璃球生产线。资源、能源具有优势地区的玻纤企业在改扩建无碱、中碱球窑时，单窑生产线规模应达到 20000 吨/年及以上，玻璃熔制工艺中禁止使用白砒作为澄清剂，玻璃成分必须符合行业强制性标准的规定，改扩建特种成分的玻璃球窑，单窑生产线规模不小于 5000 吨/年。

（3）新建玻纤制品加工企业规模为年销售收入 4000 万元/年及以上，禁止使用国家明令淘汰的落后设备，禁止使用陶土坩埚玻璃纤维拉丝产品生产玻纤制品。

（4）依法立即淘汰陶土坩埚玻璃纤维拉丝生产工艺与装备，禁止生产和销售高碱玻璃纤维制品。禁止玻璃球生产企业向陶土坩埚拉丝生产企业提供玻璃球原料。

（5）新建玻璃纤维池窑法拉丝生产线要采用纯氧燃烧、电助熔、物流自动化等先进工艺和装备；新建玻璃纤维制品加工生产线要采用高效、节能的先进纺织工艺和设备。新建和改扩建项目要同步建设环境保护、安全生产配套设施。

（6）新建或改扩建玻璃纤维池窑法拉丝生产线单位综合能耗 <0.6 吨标准煤/吨纱，新建玻璃纤维代铂坩埚法拉丝生产线单位综合能耗 <0.8 吨标准煤/吨原纱。

（7）改扩建无碱玻璃球窑必须采用先进的窑炉熔制工艺和保温节能技术，单位综合能耗 <400 千克标准煤/吨球。

（8）改扩建中碱玻璃球窑必须采用先进的窑炉熔制工艺和保温节能技术，单位综合能耗 <300 千克标准煤/吨球。

1.6.1.7　二硫化碳行业准入条件（摘选）

（1）新建、改扩建二硫化碳生产装置应在依法设立的园区内（包括化工园区、工业园区等），项目应符合园区总体规划、产业发展规划及规划环评等，有较好的原料资源、环境容量和运输条件。

（2）新建、改扩建二硫化碳生产装置单套规模不得低于 2 万吨/年，总规模不应低于 5 万吨/年。

（3）淘汰污染严重、工艺落后的木炭法二硫化碳生产装置，本准入条件实施起两年内，淘汰以焦炭为原料的间歇焦炭法二硫化碳生产装置，现有间歇焦炭法二硫化碳生产装置安全、环保不符合本准入条件要求的，应当立即整改，并经相关部门验收合格后方可继续生产。

（4）新建、改扩建二硫化碳生产装置必须采用连续化先进生产工艺和装备，在符合天然气利用政策及天然气供应有保障的地区，应当采用国际先进的天然气清洁生产工艺生产二硫化碳。

（5）二硫化碳生产装置单位产品能耗应符合以下准入值：以焦炭为原料的生产工艺，吨产品综合能耗不得高于 1120 千克标准煤（含原料消耗）；以天然气为原料的生产工艺，吨产品综合能耗不得高于 640 千克标准煤（含原料消耗）。

1.6.2　产业结构调整指导目录（2011）-鼓励类

与这些矿物材料产业项目的产业结构调整指导目录-鼓励类项目有：

（1）利用现有2000吨/日及以上新型干法水泥窑炉处置工业废弃物、城市污泥和生活垃圾，纯低温余热发电；粉磨系统等节能改造。

（2）一次冲洗用水量6升及以下的坐便器、蹲便器、节水型小便器及节水控制设备开发与生产。

（3）信息、新能源、国防、航天航空等领域用高品质人工晶体材料、制品和器件生产装备技术开发；高纯石英原料、石英玻璃材料及其制品制造技术开发与生产；航天航空等领域所需的特种玻璃制造技术开发与生产。

（4）高新技术领域需求的高纯、超细、改性等精细加工的高岭土、石墨、硅藻土等非金属矿深加工材料生产及其技术装备开发与制造。

（5）30万平方米/年以上超薄复合石材生产；机械化石材矿山开采；矿石碎料和板材边角料综合利用生产及工艺装备开发。

（6）废矿石、尾矿和建筑废弃物的综合利用。

（7）矿山生态环境恢复工程。

（8）鼓励推广共生、伴生矿产资源中有价元素的分离及综合利用技术。

（9）低品位、复杂、难处理矿开发及综合利用。

（10）尾矿、废渣等资源综合利用。

（11）再生资源回收利用产业化。

（12）电子工业用超薄（1.3 mm以下）、太阳能产业用超白（折合5 mm厚度可见光透射率>90%）、在线镀膜玻璃和低辐射等特殊浮法玻璃生产线；现有浮法生产线采用纯氧燃烧技术、低温余热发电技术；玻璃熔窑用高档耐火材料；玻璃深加工工艺装备技术开发与应用。

（13）150万平方米/年及以上、厚度小于6 mm的陶瓷板生产线和工艺装备技术开发与应用。

（14）6.5万吨/年及以上无碱玻璃纤维池窑拉丝技术和高性能玻璃纤维及制品技术开发与生产。

（15）农用田间建设材料技术开发与生产。

（16）采用绿色、环保工艺与装备生产新溶剂法纤维素纤维（Lyocell）、细菌纤维素纤维、以竹、麻等新型可再生资源为原料的再生纤维素纤维、聚乳酸纤维（PLA）、海藻纤维、甲壳素纤维、聚羟基脂肪酸酯纤维（PHA）、动植物蛋白纤维等生物质纤维。

（17）有机和无机高性能纤维及制品的开发与生产（碳纤维（CF）（拉伸强度≥4，200 MPa，弹性模量≥240 GPa）、芳纶（AF）、芳砜纶（PSA）、高强高模聚乙烯（超高分子量聚乙烯）纤维（UHMWPE）（纺丝生产装置单线能力≥300吨/年）、聚苯硫醚纤维（PPS）、聚酰亚胺纤维（PI）、聚四氟乙烯纤维（PTFE）、聚苯并双恶唑纤维（PBO）、聚芳恶二唑纤维（POD）、玄武岩纤维（BF）、碳化硅纤维（SiCF）、高强型玻璃纤维（HT-AR）等）。

（18）高强、高性能结构材料与体系的应用。

（19）太阳能热利用及光伏发电应用一体化建筑。

（20）薄膜场效应晶体管LCD（TFT-LCD）、等离子显示屏（PDP）、有机发光二极管（OLED）、激光显示、3D显示等新型平板显示器件及关键部件。

（21）新型（非色散）单模光纤及光纤预制棒制造。

（22）TFT-LCD、PDP、OLED、激光显示、3D显示等新型平板显示器件生产专用设备。

学习思考题

1-1 什么是矿物材料？

1-2 简述矿物材料的特点。

1-3 矿物材料的基本性质包括有哪些？

1-4 简述矿物材料的研究开发工艺。

1-5 按矿物材料的结构进行分类，可分为哪些？

1-6 按矿物材料的功能进行分类，可分为哪些？

2　矿物材料的性质

❖ **本章提要**

主要讨论矿物材料的一些基本性质，包括矿物材料的颗粒特性、光学性质、力学性质、热学性质和电磁学性质等。

2.1　矿物材料的颗粒特性

颗粒通常是指固体粒子，但乳状液中的液滴，液体中所含的气泡也属于颗粒的范畴，所以颗粒本身包含了固、液、气三相物质。矿物材料的颗粒则是单指矿物的颗粒。颗粒的大小不同，矿物材料的性质也不同，颗粒越小，表面积越大，表面能越高，溶解度越大，熔点越低，其相应的光、电、磁、热等性质也随之发生变化。矿物材料颗粒的大小与矿物材料的用途之间的关系如表 2-1 所示。

表 2-1　矿物材料颗粒大小分类及其用途

粒度/μm	+500	500～75	75～10	10～0.1	-0.1
粒级	粗粒	中细粒	细粒	亚超细粒	超细粒
加工方法	破碎	粗磨	细磨	超细粉碎	胶体及微粉碎
检测方法	肉眼观察	肉眼观察、放大镜	放大镜、显微镜	显微镜、电子显微镜	电子显微镜
应用范围	无机复合材料骨架	细砂填料	粉料、填料、颗粒增强材料、化工制品原料等	优质填料、涂料、矿物颜料、化工陶瓷原料、悬浮体材料等	胶体级材料、高性能涂料、颜料、糊料、粘胶材料等

2.1.1　颗粒的粒径和粒度

矿物颗粒的大小常用粒径和粒度来表征。粒径是指单个矿物颗粒的大小，粒度通常是指颗粒群的大小的整体概念，颗粒群是指许多不同大小的颗粒所组成的集合体。

2.1.1.1　粒径

规则颗粒的粒径常用某个线段的长度来表示，如球形颗粒用直径表示，正方体颗粒用棱长表示。不规则颗粒一般通过测定某些与颗粒大小相关的性质，再推算出与线性量纲有关的参数，如测出颗粒的体积，再推算出与颗粒同体积的球的直径，再以该直径来表示该不规则颗粒的粒径。

2.1.1.2　粒度

颗粒群的大小可用平均粒径来表示。平均粒径通过统计学方法求得。如可以将颗粒群划分为若干个级别，若任意一个级别的粒度为 d_i，该级别的颗粒数为 n_i，则整个颗粒群的粒度可用加权平均的方法求得：

$$粒度\ d = \sum n_i d_i / \sum n_i \tag{2-1}$$

2.1.1.3 粒度分布

对颗粒群而言，平均粒度所能提供的颗粒粒径的信息是非常有限的，如两个平均粒度相同的颗粒群，其粒度组成可能完全不一样，为解决这一问题，引入粒度分布的概念，即用粒度分布来表征颗粒群的粒度特性。粒度分布常用粒度分布曲线（以粒级的粒度作横坐标，粒级的量作纵坐标）来表示。

2.1.2 颗粒的形状

颗粒的形状是指该颗粒的外轮廓边界或表面上各点所连成的图像。矿物材料的颗粒形状对其性质和用途都有重要影响。如颗粒在介质中的运动特性、表面化学性质、流变性质等都受颗粒形状的影响。对于颗粒形状的分析通常分为定性分析和定量分析两种。颗粒形状的定性分析如表 2-2 所示，可见颗粒形状的定性分析是非常粗糙的，难以确切描述颗粒的形状特性。

颗粒形状的定量分析通常用形状系数和形状指数来描述。

表 2-2 颗粒形状的描述

名　称	形 状 描 述	形　状
球形	圆球体	
滚圆形	表面比较光滑，近似于椭圆形	
多角形	具有清晰的边缘或粗糙的多面体	
不规则形	无任何对称形体	
粒状体	具有大致相同的量纲的不规则体	
片状体	板片状形体	
枝状体	形状似树枝	
纤维状	规则或不规则线状体	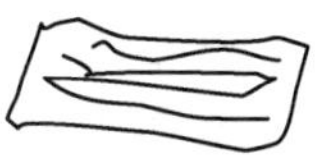
多孔状	表面或内部有孔隙	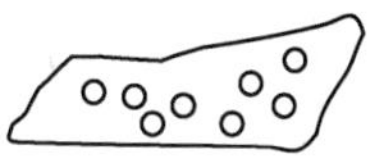

2.1.2.1 形状系数

对于规则颗粒而言形状系数（shape coefficient）定义为表面积或体积与粒径的平方或三次方之比。即：

表面形状系数：
$$\phi_S = \frac{S}{d^2} \tag{2-2}$$

体积形状系数：
$$\phi_V = \frac{V}{d^3} \tag{2-3}$$

比表面形状系数：
$$\phi_{SV} = \frac{\phi_S}{\phi_V} \tag{2-4}$$

式中 d——规则颗粒的粒径；

V——体积；

S——表面积。

对于不规则颗粒，其形状系数随粒度计算方法而变，如采用投影面积直径 d_a 表示时，形状系数为：

表面形状系数：
$$\phi_{Sa} = \frac{S}{d_a^2} \tag{2-5}$$

体积形状系数：
$$\phi_{Va} = \frac{V}{d_a^3} \tag{2-6}$$

比表面形状系数：
$$\phi_{SVa} = \frac{\phi_{Sa}}{\phi_{Va}} \tag{2-7}$$

式中 d_a——测得的颗粒投影面积的直径；

V——颗粒体积；

S——表面积。

对于颗粒群的形状系数可用平均直径 d 来计算。即：

表面形状系数：
$$\phi_S = \frac{\overline{S}}{\overline{d}^2} \tag{2-8}$$

体积形状系数：
$$\phi_V = \frac{\overline{V}}{\overline{d}^3} \tag{2-9}$$

比表面形状系数：
$$\phi_{SV} = \frac{\phi_S}{\phi_V} \tag{2-10}$$

式中 $\overline{d}$——平均直径；

$\overline{S}$——平均表面积；

$\overline{V}$——平均体积。

一些典型物体的形状系数如表 2-3 所示。

表 2-3 颗粒的形状系数

形状类型	ϕ_S 或 ϕ_{Sa}	ϕ_V 或 ϕ_{Va}	ϕ_{SV} 或 ϕ_{SVa}
球形（$l=b=h=d$）	π	$\pi/6$	6
圆锥体（$l=b=h=d$）	0.8π	$\pi/12$	9.6
立方体（$l=b=h=d$）	6	1	6

续表 2-3

圆板（$l=b$，$h=d$）	$3\pi/2$	$\pi/4$	6
方柱体（$l=b=h$）	6	1	6
不规则颗粒			
混圆形：砂子、雾化金属	2.7～3.4	0.32～0.41	8.43～8.29
粉磨的角状矿粒	2.5～3.2	0.2～0.28	12.5～11.43
片状矿粒	2.0～2.8	0.12～0.16	16.67～17.5
薄板状	1.6～1.7	0.01～0.03	160～56.67

注：l、b、h、d 分别代表颗粒的长、宽、厚、直径。

2.1.2.2 形状指数

颗粒的形状指数包括球形度、伸长度和粗糙度等指标。

$$\text{颗粒的球形度}\ \psi=\frac{\text{与颗粒同体积圆球的表面积}\ S_{\text{球}}}{\text{颗粒的实际表面积}\ S_{\text{粒}}} \tag{2-11}$$

$$\text{颗粒的伸长度}\ \delta=\frac{\text{颗粒中与}\ d_{\text{Fmin}}\ \text{相垂直方向的直径}\ d_{\text{F}\frac{\pi}{2}}}{\text{穿过颗粒中心的最小直径}\ d_{\text{Fmin}}} \tag{2-12}$$

$$\text{颗粒的粗糙度}\ \chi=\frac{\text{颗粒的实际表面积}\ S_{\text{粒}}}{\text{外观看成光滑时颗粒的表面积}\ S_{\text{表}}} \tag{2-13}$$

2.1.3 颗粒表面和比表面积

矿物材料的颗粒表面是极不规则的，大部分矿物属晶体结构，在晶体的表面，通常存在台阶、裂隙、沟槽、位错、缺陷等。通常将组成晶体的全部质点都定位在晶体结构中的正确位置上的晶体，称为理想晶体。而事实上这种晶体是不存在的，自然界中的实际矿物晶体都不可避免地存在缺陷，这种缺陷的存在，在理论上和实际应用中都有重要意义，如晶体缺陷决定着矿物颗粒的化学活性，并对其光学性质、电学性质、声学性质、力学性质和热学性质等都有影响。

晶体缺陷分为 4 种类型：点缺陷、线缺陷、面缺陷和体缺陷。点缺陷是指在晶体点阵位置上存在空位或被外来杂质原子取代，如类质同象替代就属于这种情况。线缺陷是指在晶体中沿某一条线附近的原子排列偏离了理想晶体的点阵结构，如位错就是一种线缺陷。面缺陷存在于多晶体中，多晶体是指由许多单晶颗粒组成的晶体，多晶体中不同取向的晶粒之间的界面称为晶粒界面，若晶粒界面附近的原子排列出现紊乱，就构成了面缺陷。体缺陷是一种比较大的缺陷，如固体包裹物、空洞等，这些缺陷与基质晶体已不属于同一物相。

研究表明矿物材料颗粒的表面缺陷对其表面性质和颗粒的行为等都有直接的影响。如半导体材料，当表面缺陷率仅为 10^{-6} 数量级时，就足以使其表面的吸附性改变 50%。表面缺陷还可使颗粒的表面化学活性发生变化。晶体矿物在研磨后将产生非晶质化，如磨光的石英晶体表面被无定形 SiO_2 所覆盖，其厚度可达数十纳米，此时即使加热到 200 ℃，其表面依然有相当数量的羟基存在（4～5 个/nm^2），从而大大提高了颗粒表面的化学活性。

矿物颗粒的比表面积是指单位体积或单位质量的矿物所具有的表面积称为该矿物颗粒的比表面积。矿物颗粒的粒度越细，颗粒的比表面积越大，如粒度为 1 cm 的颗粒破碎到粒度 1 μm 时，该矿物颗粒的比表面积增大约 1 万倍。颗粒的表面积可分为外表面积和内表面积。外表面积是指颗粒的外部轮廓所包络的表面积，它由颗粒的大小和外部形状所决定；内表面积是指颗粒内部的孔隙、裂纹等构成的表面积。

2.1.4 吸附性

矿物的吸附性是指矿物颗粒表面吸附其他物质成分的能力。矿物的吸附性分为物理吸附和化学吸附两类。

物理吸附是指被吸附的物质与矿物颗粒表面之间的相互作用很弱，通常仅形成分子键，其吸附过程中释放出的能量约为 20 kJ/mol，吸附时不发生化学反应，如高岭石对 N_2 和空气中的水分的吸附就是物理吸附。

化学吸附是指被吸附的物质与矿物颗粒表面之间发生相互作用形成化学键，通常为共价键，其吸附过程释放出的能量约为 200 kJ/mol，这种能量可引起吸附物分子键的断裂，从而生成新的化合物。如 CaO 吸附空气中的 CO_2 形成 $CaCO_4$。

影响矿物材料颗粒表面吸附性的主要因素：

（1）矿物材料和被吸附物质的种类。不同的矿物具有不同的吸附性，同一种矿物对不同物质的吸附性也不一样。表 2-4 列出了不同矿物对 Cs^+、Rb^+ 的吸附率。

表 2-4 不同矿物吸附 Cs^+、Rb^+ 的吸附率 （%）

矿物	蒙脱石	坡缕石	蛭石	高岭石	沸石	叶蜡石	白云母
Cs^+	80～88	90.4～93.2	91～96.8	33～47	90～97	30	29
Rb^+	—	—	66～72	23～26	—	17	28

注：溶液浓度：Cs^+ 0.0025%，Rb^+ 0.00274%；溶液 50 mL；吸附剂 5.0 g。

（2）比表面积。矿物材料的比表面积越大，矿物颗粒的吸附量越大。比表面积的大小取决于矿物颗粒的大小和分散程度。如边长为 1 cm 的立方体的表面积为 6 cm^2；把它破碎至 10^{-7} cm 的颗粒，其表面积将达到 6000 m^2，增大了 1000 万倍。

（3）温度。一般来说，吸附过程为放热过程，降低温度有利于吸附作用的发生，但对于发生化学吸附，升高温度将是有利的。

（4）湿度和压力。环境的湿度和压力将影响矿物的吸附能力。如纤蛇纹石石棉的吸湿性随空气中湿度的增加而增强；环境蒸气压的增大，矿物的吸湿性也提高。

矿物材料的吸附性得到了广泛的应用，工业上具有强吸附性的矿物常被用作催化剂和吸附剂，农业中常将它们用作农药和化肥的载体等。

2.1.5 表面电性

矿物颗粒的表面电性是指矿物颗粒表面的带电现象。由于发生化学吸附、表面层中离子的溶解或置换等作用，都可使矿物颗粒表面带电。当矿物颗粒处于水溶液中时，可因对水中带电离子的吸附作用形成吸附双电层结构。吸附双电层的结构是指当矿物颗粒与液相间产生相对运动时，将有一与矿物颗粒表面紧密结合在一起的液体层随矿物颗粒一起移动，该液体层就被称为吸附层，吸附层之外是扩散层；吸附层与扩散层的分界面称为滑动面。滑动面与溶液本体之间的电位差，叫作颗粒的动电电位，通常以 ζ 表示。测定和研究矿物颗粒的动电电位，即可了解矿物的表面电性。矿物的表面电性是决定矿物絮凝、凝聚、分散和吸附等作用的最重要因素。

影响矿物颗粒表面电性的主要因素有：

（1）矿物的种类。不同的矿物其颗粒的表面电性不同，矿物的动电电位可为正值，也可为负值，各矿物的动电电位的大小也相差很大。如纤蛇纹石的 ζ 值为正值，方解石、白云母的 ζ 为负值。

（2）溶液的性质。溶液中的电介质浓度越高，矿物颗粒的双电层中的反号离子越多，表面电性也随之发生改变。溶液中离子的价态，也影响矿物颗粒的表面电性。

（3）矿物的颗粒形状和大小。矿物颗粒表面不光滑及粒度减小都将使矿物颗粒的表面带电性增强。

（4）表面风化。矿物颗粒的表面风化后，其溶解性和氧化性等也将随之发生变化，导致矿物表面的电性也随之改变。如纤蛇纹石石棉的动电电位为正值，但风化后的蛇纹石石棉的动电位常为负值。

（5）杂质。矿物颗粒中混有其他杂质时对其表面电性也有影响。

2.1.6　矿物与液体的亲和性

矿物与液体的亲和性主要包括矿物的表面润湿性、流变性、水溶性和分散性等。

（1）吸湿性和润湿性。吸湿性是指矿物颗粒在一定条件下从空气中吸附水分的性质。常用吸湿率来表示。吸湿率定义为矿物吸附水分后的质量与原来未吸附水分时的质量之差，除于原来未吸附水分时的质量所得到的百分比，即：

$$\gamma = \frac{w_2 - w_1}{w_1} \times 100\% \tag{2-14}$$

式中　γ——矿物颗粒的吸湿率；

w_1——矿物颗粒未吸附水分前的质量；

w_2——矿物颗粒吸附水分后的质量。

吸湿率与矿物颗粒的细度、比表面积、环境温度和湿度等因素有关。若液相为油类时则用矿物颗粒的吸油率表示。

润湿性是指矿物表面被液体润湿的难易程度。如石英颗粒能被水润湿，辉钼矿则较难被水润湿。

（2）流变性。矿物（主要指黏土类矿物）颗粒群的含水量超过一定限度时，可形成类似于细分散的流体的性质，流变性即是指这种矿物颗粒的流体流动和变形的特性。影响矿物流变性的主要因素有矿物的种类、数量、分散度、粒度、表面润湿性等。流变性是衡量纸浆性能和质量，油漆及涂料质量的重要参数。

（3）水溶性和水解 pH 值。矿物的水溶性是指矿物在水中溶解、电离、水解而产生溶失的性质。矿物的水解 pH 值是指矿物在常温或 100 ℃条件下在纯水中形成饱和水溶液时所显示的 pH 值。

(4) 分散性。分散性是指矿物颗粒在介质中均匀分布成单个颗粒的程度。影响矿物颗粒分散性的因素主要有矿物的细度、比表面积、表面电性、表面润湿性、颗粒形状等。

2.2 矿物材料的光学性质

矿物材料的光学性质包括颜色、折射率、光泽、白度、透明度、发光性、条痕等。

2.2.1 颜色

颜色是具有一定波长的电磁波。一定波长的电磁波会呈现出一定的颜色。当受到光线照射时，矿物颗粒对可见光区域内不同波长的光进行选择性吸收，而将透射、反射出其余不被吸收的光波的混合色，该混合色即为该矿物的颜色。

矿物颗粒呈现颜色的原因是矿物成分中过渡金属元素的电子跃迁、离子间的电荷转移或者矿物结构中存在色心而产生出颜色。有时矿物中的裂隙、包裹体、双晶纹以及表面存在的氧化物薄膜等引起的干涉、衍射、散射等也将使矿物产生颜色。

可见光的各种颜色的光波波段为：紫色 400～450 nm，蓝色 450～480 nm，青色 480～510 nm，绿色 510～550 nm，黄色 550～590 nm，橙色 590～630 nm，红色 630～670 nm。

矿物颜色通常采用目测的方法确定。

矿物的颜色一般采用与实物的颜色作对比的方法来描述，如铅灰色、烟灰色、金黄色、铜黄色、橘黄色、乳白色、砖红色、肉红色、橄榄绿色、天蓝色等。

因矿物的颜色较复杂，常采用在主色前加辅色的方法进行描述，例如：褐黄色、黄绿色、蓝灰色等。基本色写在后面，写在前面的为次要色。

2.2.2 折射率

矿物的折射率（n）是光在空气中的传播速度（v_0）与光在矿物晶体中的传播速度（v_m）之比，其值也等于光的入射角（γ）的正弦与折射角（β）的正弦之比，如图 2-1 所示。即：

$$n=\frac{v_0}{v_m}=\frac{\sin\gamma}{\sin\beta} \tag{2-15}$$

矿物的折射率是表征透明矿物性质的重要参数之一，也是鉴定矿物的重要依据。矿物的折射率可用折射率仪进行测定。

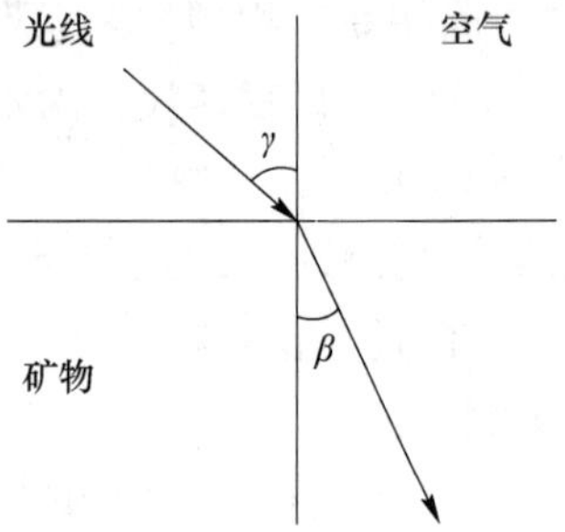

图 2-1 光折射示意图

2.2.3 光泽

光泽是指矿物颗粒表面对可见光的反光能力。折射率与光泽成正比关系，折射率越大矿物的光泽越强。通常矿物的光泽可分为以下几种：

金属光泽：$n>3$，反光很强，类似镀铬金属表面的反光，如方铅矿、黄铁矿。

半金属光泽：$n=2.6\sim3$，反光较强，似一般金属表面。如磁铁矿。

金刚光泽：$n=1.9\sim2.6$，反光很强，灿烂耀眼，如金刚石。

半金刚光泽：$n=2.0\sim2.6$

亚金刚光泽：$n=1.9\sim2.0$

玻璃光泽：$n=1.7\sim1.9$，反光较强，似普通玻璃表面。如石英晶面。

玻璃光泽：$n=1.54\sim1.7$

亚玻璃光泽：$n=1.21\sim1.54$

在实际应用中有时还将矿物的光泽分为丝绢光泽、珍珠光泽、油脂光泽、沥青光泽等特殊光泽。

2.2.4 白度

白度是指矿物表面反射白光的能力。通常定义为矿物表面对特定波长的入射光的反射强度（I）与标准白板（由 MgO 或 $BaSO_4$ 制成）对该特定波长的入射光的反射强度（I_0）之比的百分数。即：

$$白度=\frac{I}{I_0}\times100\% \tag{2-16}$$

矿物的白度值可用白度仪测定。

矿物的白度是陶瓷、造纸、涂料等填料矿物的重要技术指标之一。如造纸用高岭土填料，按白度划分为 1 级品：白度≥81%，2 级品：白度≥80%，3 级品：白度≥78%，4 级品：白度≥77%，5 级品：白度≥76%。电子元件用陶瓷高岭土要求白度≥80%。搪瓷品用高岭土要求白度≥75%。

黏土矿物中所含的有机质、碳、铁、钛等杂质会影响其白度。其中铁是最常见的有害杂质。

2.2.5 透明度

透明度是指矿物晶体允许可见光透过的程度。通常将矿物分为透明、半透明和不透明三种。透明矿物是指能使可见光完全透过的矿物，半透明矿物是指仅能让部分光线透过的矿物，不透明矿物是指可见光完全不能透过的矿物。

矿物的颜色、包裹体、解理、裂纹以及集合体等都将影响矿物的透明度。透明度是鉴定宝玉石品种和质量的重要性质之一。

2.2.6 发光性

发光性是指矿物颗粒在外来能量的激发下，发出可见光的性质。能激发矿物颗粒发光的方法有很多，如阴极射线、紫外线、X 射线和可见光照射，以及加热、摩擦、加压等都可能使矿物发出具有一定颜色的可见光。但并不是所有的矿物在受激发时都能发光，少数矿物的发光是由于其本身固有的特性，如白钨矿发光是由于 $[WO_4]^{2-}$ 络离子的存在，大多数的矿物发光是因含有杂质微量元素。这种能导致矿物发光的杂质元素称为矿物发光的活化剂。能使矿物晶体发光的活化剂主要有 Th、U、Mn、Pb 等，如含稀土元素的萤石和方解石常常产生荧光，含钙的磷酸盐中当存在镧族元素代替钙时也常常发出磷光。广泛应用的人工合成磷光体中常用的发光活化剂有稀土、碱土、Bi、Pb、Mn、Hg、Fe、Cu、Zn、Ag、Cr、Ce、Ni 和 Co 等。

以下简要介绍众多发光中的三种：

（1）光致发光：这里重点介绍紫外光所致的荧光现象。紫外光对不同矿物激发可以使它们发出不同颜色（波长）的荧光，以帮助人们迅速地鉴定矿物。由于不同矿物，甚至同种矿物，其成因不同，发光中心的深度、种类或能带间的能量差各有不同，因此，要想使各种各样的矿物得到最大程度的激发，就必须使用不同波长的紫外光，如波长为253.7 nm的紫外光可使白钨矿得到很好的激发，但对其他矿物则不一定。该方法对某些矿物的鉴定和找矿具有一定的意义，特别是对白钨矿、金刚石的鉴定、找矿和选矿更为有效。

（2）阴极射线发光：阴极射线发光是以阴极射线作为激发源激发物质并使之发光的现象。与光量子不同，阴极射线是一束高速的电子流。这些高能的电子在真空中轰击矿物表面，使矿物晶格产生强烈振动从而引起发光。与紫外线辐射相比，阴极射线发光的颜色与紫外线不尽一致，如ZnS：Cu的阴极射线发光为蓝色，而紫外光为绿色。阴极射线发光的余辉比光致发光短。许多紫外线不能激发或不能完好激发的物质在阴极射线下都能得到很好的激发。但是，在较高温条件下，阴极射线发光的热猝灭（所谓猝灭指发光的突然熄灭）效应比光致发光强烈得多，这是实验过程中应加以注意的问题。

矿物的阴极射线发光的颜色给人们提供鉴定矿物的依据。在沉积岩中用阴极发光鉴定长石和石英是十分迅速有效的；若在地层中找出几种特殊的发光矿物，建立一个对比系，从而可以解决地层的对比问题；在重砂找矿中，可以根据矿物的发光，缩小靶区，以发现原生矿床或砂矿床。阴极射线发光还被广泛应用于各种科学领域，如示波器、色谱仪、彩色电视、荧光屏和雷达等。

（3）热发光：热发光是以热为激发源使矿物发光的现象。这种现象的应用较上述的其他发光要广泛得多。热发光在地质学中已广为应用，如用于矿床含矿性的评价、提供矿床成因和找矿信息、测定地质年龄、地层的对比和划分以及地质温度计等。热发光与温度的依赖关系是显而易见的，在进行地质温度计的讨论时，应该注意，所获得的结果是该矿物最后一次热作用的温度。在样品加工时应尽可能避免人为的任何热作用。但矿物形成之后难免受到后来的热作用，所以地质温度计对古老年代的矿物来说误差会很大。热发光还在材料、医学、环保、考古、陨石和核试验等领域都有深入和独到的应用。

2.2.7 条痕

为排除它色与假色对矿物颜色的影响，往往用矿物的条痕来鉴定矿物。条痕是矿物粉末的颜色。通常矿物在未上釉的瓷板上擦划获取条痕。无瓷板时可将矿物研成粉末进行观察。矿物的条痕比矿物的颜色更固定，是矿物的主要鉴定特征。如赤铁矿的颜色有赤红、铁红、钢灰等色，可是其条痕总是樱红色。

条痕对于硬度小或脆性的有色矿物具有重要鉴定意义；但对于硬度大于瓷板的矿物无条痕色，无鉴定意义。

2.3 矿物材料的力学性质

矿物材料的力学性质是指矿物材料在受到外力作用下所表现出来的各种宏观性质。

2.3.1　硬度与耐磨性

矿物的硬度是指当矿物受到刻划、压入或研磨等作用时所表现出来的机械强度。测定矿物硬度的方法通常有两种：第一种是摩氏硬度计（由 Friedrich Mohs 于1882 年提出的），它是用相互刻划的方法测定矿物的相对硬度；第二种方法是利用显微硬度仪测定矿物的显微硬度，也称为压入硬度。摩氏硬度 H_M 和显微硬度 H 之间存在如下关系：

$$H_M = 0.7\sqrt[3]{H} \tag{2-17}$$

不同方法测定的矿物硬度值如表 2-5 所示。

表 2-5　不同方法测定的矿物硬度值

矿物	摩氏硬度 H_M	压入硬度/MPa	矿物	摩氏硬度 H_M	压入硬度/MPa
滑石	1	461	正长石	6	7002
石膏	2	588	石英	7	11582
方解石	3	1334	黄玉	8	16161
萤石	4	1961	刚玉	9	20447
磷灰石	5	6463	金刚石	10	63743

耐磨性是指矿物遭受摩擦作用时所表现出来的抵抗机械强度。常用耐磨率来表征。矿物的耐磨率定义为一定尺寸和形状的矿物晶体（通常测定的是矿物晶体的集合体），在耐磨机上承受一定荷重，置于一定的磨损条件下，经过规定的磨程磨削后，试样单位受磨面积上的磨蚀量。矿物的耐磨率用下式计算：

$$M = \frac{G_1 - G_2}{A} \tag{2-18}$$

式中　M——耐磨率，g/cm^2；

G_1，G_2——试样磨损前后的质量，g；

A——试样的受磨面积，cm^2。

矿物的硬度是矿物成分及内部结构牢固性的具体表现之一。首先，矿物的硬度主要取决于其内部结构中质点间联结力的强弱，即化学键的类型及强度。一般地，典型原子晶格（如金刚石）具有很高的硬度，但对于具有以配位键为主的原子晶格的大多数硫化物矿物，由于其键力不太强，故硬度并不高，离子晶格矿物的硬度通常较高，但随离子性质的不同而变化较大；金属晶格矿物的硬度比较低（某些过渡金属除外）；分子晶格因分子间键力极微弱，其硬度最低。

矿物的耐磨性能随矿物硬度的提高而增强，影响矿物硬度的主要因素有：

（1）原子价态和原子间距。矿物的硬度随原子的电价的增高而增大，并同原子间距的平方成反比。

（2）配位数。矿物的硬度随原子的配位数的增大而增大。

（3）离子键、共价键的状态。矿物的硬度随化学键的共价性增强而增大，即具有离子键的矿物硬度低，具有共价键的矿物硬度高。

矿物的硬度和耐磨性具有重要的实用价值，如硬度高、耐磨性能好的金刚石、刚玉等矿物材料被广泛应用于研磨、抛光、切削等工艺中，而硬度低的石墨、滑石等则被广泛地用作固体润滑剂。

2.3.2 解理、断口与裂开

2.3.2.1 解理

解理是矿物晶体受到外力作用时，沿一定的结晶学方向作平面破裂的性质。破裂的平面称为解理面。解理的方向服从于晶体的对称性，解理发生及其完善的程度取决于晶体结构中不同方向上的键强的差异，解理面平行于强键。在矿物材料的开采加工过程中，对有些矿物必须考虑其解理性，如云母具有完全的{001}解理，极易剥成具有弹性的透明薄片，在理论上白云母能被剥分至约1 nm厚，从而可满足各种工业需求，如电气、电子工业既要求厚片云母（厚度为0.1～2 mm），也要求要薄片云母（厚度为5～35 nm）。冰洲石和萤石是重要的光学材料，由于它们具有完全的解理，因而要求在开采和加工过程中，需要采取特别的措施给予保护，以免晶体产生解理后失去工业价值。根据高岭土的解理性，工业上采用对高岭石进行剥片，以满足造纸、塑料和橡胶制品等对高岭石产品的不同要求。

对矿物解理的观察描述，不但要注意解理的方向、组数及夹角，还应着重确定解理的等级。根据解理产生的难易程度及其完好性，通常将其分为5级：

（1）极完全解理（eminent cleavage）：矿物受力后极易裂成薄片，解理面平整而光滑，如云母、石墨、透石膏的解理。

（2）完全解理（perfect cleavage）：矿物受力后易裂成光滑的平面或规则的解理块，解理面显著而平滑，常见平行解理面的阶梯。如方铅矿、方解石的解理。

（3）中等解理（good or fair cleavage）：矿物受力后，常沿解理面破裂，解理面较小而不很平滑，且不太连续，常呈阶梯状，却仍闪闪发亮，清晰可见。如蓝晶石的解理。

（4）不完全解理（poor or imperfect cleavage）：矿物受力后，不易裂出解理面，仅断续可见小而不平滑的解理面。如磷灰石、橄榄石的解理。

（5）极不完全解理（cleavage in traces）：矿物受力后，很难出现解理面，仅在显微镜下偶尔可见零星的解理缝，通常称为无解理。如石英、石榴子石、黄铁矿的解理。对于不完全解理和极不完全解理，在肉眼上都很难看到解理面，常以“解理不发育”或“无解理”来描述。

2.3.2.2 断口

断口是矿物晶体在外力作用下所产生的不规则破裂面。通常化学键强度在各方向上差别不大的矿物晶体如石英、石榴石等易产生断口。对作为研磨材料的矿物来说，矿物晶体破碎后产生的棱角是非常重要的，有助于研磨的进行，像石英、石榴石和刚玉等断口特别发育的高硬度矿物，在破碎后易形成尖锐的棱角，可提高研磨的效率，为优质的研磨材料。矿物的断口，主要借助于其形状来描述，常见的有：

（1）贝壳状断口（conchoidal fracture）：呈圆形或椭圆形的光滑曲面，并出现以受力点为中心的不规则的同心圆波纹，形似贝壳。如石英、玻璃的断口。

（2）锯齿状断口（hackly fracture）：呈尖锐锯齿状，见于强延展性的自然金属元素矿物，如自然金等。

（3）参差状断口（uneven fracture）：断面呈参差不平状，大多数脆性矿物（如磷灰石、石榴子石等）以及呈块状或粒状集合体具此种断口。

(4) 平坦状断口（even fracture）：断面较平坦，见于块状矿物，如块状高岭石。

(5) 土状断口（earthy fracture）：断面粗糙、呈细粉状，为土状矿物（如高岭石）特有。

(6) 纤维状断口（fibrous fracture）：断面呈纤维丝状，见于纤维状矿物集合体上，如石棉。

2.3.2.3 裂开

裂开（或称裂理，parting）是指矿物晶体在某些特殊条件下（如杂质的夹层及机械双晶等），受应力后沿着晶格内一定的结晶方向破裂成平面的性质。裂开的平面称为裂开面（parting plane）。裂开虽然也是矿物受外力作用时沿一定方向产生的平面破裂，但它与解理不同的是裂开不是矿物晶体固有的特性，其产生的原因系由于矿物体在一定的面网间有夹杂、裂纹等各种偶然因素，造成矿物沿一定的方向破裂。所以矿物的裂开不存在任何规律性。

2.3.3 机械形变

机械形变是指矿物受到外力作用时，所产生的形状和体积的变化，这种变化作用就称为矿物的机械形变。根据在外力停止作用后矿物的形变能否恢复原状，通常将机械形变分为弹性形变和塑性形变两种。

2.3.3.1 弹性形变

弹性形变是指当外力停止作用后能恢复原状的机械形变。产生弹性形变的原因是矿物晶体内部的格子构造中，各个质点都处在平衡位置上，从而使晶体具有最小的势能，当发生机械形变时矿物晶体原来的平衡状态被破坏，导致晶体的势能增加，在矿物晶体的内部就产生相应的内应力来抵抗这种形变，一旦导致形变的外力停止作用，抵抗形变的内应力就促使各个质点回到原来的平衡位置上，以保持矿物晶体具有最小的势能，从而使矿物晶体的形状复原，产生的形变随之消失。如在云母的结构中，硅氧四面体片和 Al(Mg)—O(OH)八面体所构成的结构，层间以 K^+ 相连接，因 K^+ 的电荷低而原子半径大，故 K—O 间的键力不是很强，当晶体受外力作用时，各结构层之间产生滑移并弯曲，使 K—O 间的离子键拉长或缩短，结果就形成了较大的内应力，当外力取消后，K—O 键就要恢复到原来平衡时的键长，从而促使消除了层间的相对位移，云母的结构又恢复为原来的平面。

2.3.3.2 塑性形变

塑性形变是指在外力作用消失后矿物的形变不能恢复到其原来状态的机械形变。塑性形变的实质是形变结果使晶体内部的各个质点处于新的平衡位置，在这个位置上晶体达到了新的势能最小值，因而已产生的机械形变不能再自动消除。产生塑性形变的机理有两种，一种是形成机械双晶，另一种是晶格滑移。其中后者是产生塑性形变的主要形式，滑移不一定导致晶格破坏，但可以使晶体伸长或变扁，因此，塑性形变常常表现出延展性。

矿物材料的形变性质在工程学中具有重要应用，如纤蛇纹石石棉具柔软性，表现出良好的伸缩性和密封性，适合于制作垫圈和衬垫等；而具脆性的纤维，其过滤性能和机械强度较好，适于做石棉水泥材料和石棉硅酸钙材料。

2.3.4 抗压、抗折和抗拉强度

抗压、抗折和抗拉强度是表征矿物材料机械强度的主要性能参数。在建筑工程、材料加工以及其他许多工业部门都具有重要意义。

2.3.4.1 抗压强度

抗压强度是指矿物材料抵抗单轴压力破坏时的最大能力。定义为试样在压力作用下产生破坏时的最大荷重与垂直于加荷方向的受压截面之比。

$$R_{压} = \frac{P}{A} \tag{2-19}$$

式中 $R_{压}$——抗压强度，MPa；

P——矿物材料破坏时作用于承压面上的总压力，N；

A——试样承压面的面积，cm^2。

2.3.4.2 抗折强度

矿物材料在静弯曲负荷作用下抵抗断裂的强度。

$$R_{折} = \frac{3PL}{2bh^2} \tag{2-20}$$

式中 $R_{折}$——试样抗折强度，MPa；

P——试样折断时的负荷，N；

L——试验时两支点间的距离，cm；

b，h——试样的断面宽度和高度，cm。

2.3.4.3 抗拉强度

抗拉强度是指矿物材料抵抗单轴拉伸破坏时的最大能力，以拉断时的极限应力表示。

$$R_{拉} = \frac{P}{A} \tag{2-21}$$

式中 $R_{拉}$——抗拉强度，MPa；

P——试样拉断时作用在试样上的总拉力，N；

A——试样垂直于单轴拉力方向上的面积，cm^2。

影响矿物抗压、抗折和抗拉强度的因素主要有两个方面，第一个方面是矿物的成分和结构，突出表现为键强及其分布方向，如方解石具离子键，并发育$\{10\bar{1}1\}$完全解理，因此其抗压、抗折和抗拉强度都较低；纤蛇纹石石棉沿纤维轴方向为强键（共价键），它的抗拉强度为12.1～34.5 MPa，比高强度钢13 MPa，钛合金9.4 MPa，铝合金4.6 MPa的抗拉强度还要高；第二个方面是晶体中的包裹体和裂隙等，这些包裹体和裂隙将降低矿物材料的抗压、抗折和抗拉强度。

2.3.5 矿物的脆性与延展性

矿物的脆性（brittleness）是指矿物受外力作用时易发生碎裂的性质，它与矿物的硬度无关，有些脆性矿物虽然易碎但硬度还是挺高的，自然界绝大多数非金属晶格矿物都具有脆性，如自然硫、萤石、黄铁矿、石榴子石和金刚石；延展性（ductility）是指受外力拉引时易成为细丝、在锤击或碾压下易形变成薄片的性质，它是矿物受外力作用发生晶格

滑移形变的一种表现，是金属键矿物的一种特性。自然金属元素矿物，如自然金、自然银和自然铜等均具有强延展性；某些硫化物矿物，如辉铜矿等也表现出一定的延展性。

2.4 矿物材料的热学性质

矿物材料的热学性质包括矿物的导热性、膨胀性和耐热性等性质。

2.4.1 导热性

导热性通常以热传导来衡量，所谓热传导是指矿物与其他物体直接接触部分之间的热传递过程。这种传热过程是依靠矿物的微观质点（分子、原子或电子）的能量传递来实现的，与宏观运动无关，即导热性是矿物本身固有的属性。

热传导的基本规律为：

$$q_1 = -\lambda\left(\frac{\partial t}{\partial l}\right) \tag{2-22}$$

式中 q_1——等温线法线方向的热流密度，W/m^2；

λ——热导率，W/(m·K)；

t——温度，K；

l——矿物在法线方向上的长度，m。负号表示热流方向与温度方向相反。

热导率定义为：

$$\lambda = -q_1\left(\frac{\partial l}{\partial t}\right) \tag{2-23}$$

可见热导率的物理意义是单位温度梯度下产生的热流密度值。显然，热导率与热流密度成正比，热流密度越大，热导率越大，传导的热量越多。

通常固体的热导率较大，如铜的热导率为 385 W/(m·K)，石英的热导率为 12.86 W/(m·K)，白云母的热导率为 12.71 W/(m·K)；液体的热导率次之，如水的热导率为 0.556 W/(m·K)；气体的热导率最小，如空气的热导率为 0.024 W/(m·K)。普通的建筑材料热导率一般低于 3 W/(m·K)。通常热导率低于 0.2 W/(m·K) 的材料称为绝热材料，膨胀蛭石的热导率为 0.046 ~ 0.07 W/(m·K)，石棉的热导率为 0.046 ~ 0.092 W/(m·K)，膨胀珍珠岩的热导率为 0.035 ~ 0.052 W/(m·K)，这些矿物材料均为优良的绝热材料。

影响矿物材料热导率的因素主要有矿物晶体中所含的杂质，晶体缺陷、裂隙和包裹体等。在非等轴晶系的晶体中，导热性表现为各向异性，如具层状结构的矿物，其平行于层和垂直于层的方向上热导率相差很大，晶质矿物比非晶质矿物的导热性强。

2.4.2 热膨胀性

矿物的热膨胀性通常用线热膨胀率 α 表征，线热膨胀率 α 是指每升高绝对温度 1 ℃，矿物在长度方向的增长量（Δl）与原长度（l）之比。即：

$$\alpha = \frac{\Delta l}{l} \tag{2-24}$$

热膨胀曲线是以热膨胀率 α 作纵坐标，温度 t 作横坐标，绘制出来的曲线。根据热膨胀曲线的形状，把矿物的热膨胀分为正常热膨胀和异常热膨胀两种（图 2-2）。正常热膨胀是指热膨胀率 α 与温度 t 呈线性关系的热膨胀；异常热膨胀是指热膨胀率 α 与温度 t 呈非线性关系的热膨胀。

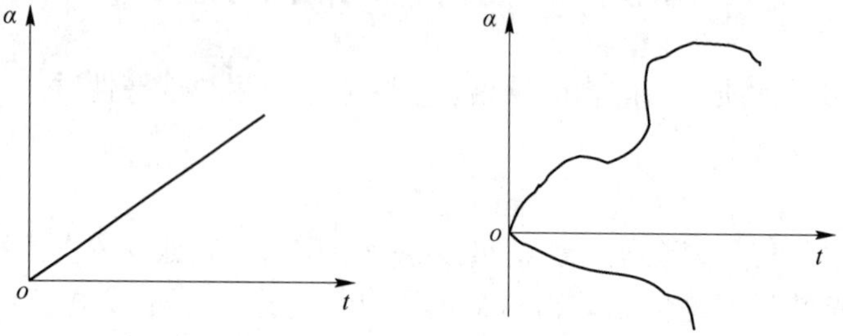

(a) 正常热膨胀 (b) 异常热膨胀

图 2-2 矿物的热膨胀

对于热膨胀曲线出现拐点的矿物材料，说明该矿物材料的热膨胀率时大时小，曲线下降者说明矿物材料是热收缩，也称为负热膨胀。同一曲线既有上升又有下降者说明该矿物材料受热时既有膨胀又有收缩发生。自然界的大部分矿物材料都是热胀冷缩，这是由于组成矿物的原子受热时振动加剧，振幅加大，从而增大了原子间距，导致了矿物的膨胀。

影响矿物材料热膨胀的主要因素有：晶体结构和化学键强度。晶体结构紧密的矿物，热膨胀率大，如 MgO、Al_2O_3 的晶体结构是以氧的紧密堆积为基础的，因此它们的热膨胀率大。化学键强度方面，一般沿化学键力强的方向矿物的热膨胀率小，在化学键弱的方向矿物的热膨胀率大，因此，沿分子键方向上矿物材料的热膨胀率最大，离子键方向上次之，共价键方向上最小，且常有负膨胀发生。

热膨胀性对于耐火材料、保温材料、型砂和模具等所使用的矿物材料具有重要意义。

2.4.3 耐热性

耐热性是指矿物材料抵抗由于加热而引起的成分变化和晶体结构破坏的能力。在加热过程中，矿物成分主要是通过氧化、还原、分解、失水和释放出气体等方式发生变化；矿物的晶体结构的破坏主要表现为相变、分解、熔融等现象。矿物材料产生以上这些变化的温度越高，说明该矿物的耐热性越好。

影响矿物材料耐热性的主要因素有：晶体类型和化学成分。晶体类型方面，一般具有共价键的矿物材料熔点最高，如金刚石约 4000 ℃；离子键的矿物材料熔点也较高，如刚玉为 2000 ~ 2030 ℃，方镁石 2800 ~ 2940 ℃；金属键的矿物材料熔点较低；分子键的矿物材料熔点最低。化学成分方面，一般含有水、OH^- 和易与氧形成挥发性气体的元素，如 C、S、N 等，以及含助熔成分如 K_2O、Na_2O、CaO 和 MgO 等成分的矿物材料，其耐热性较差。

2.5 矿物材料的电磁学性质

矿物材料的电磁学性质包括磁性、导电性、介电性、压电性、焦电性、热电性等磁学性质和电学性质。

2.5.1 磁性

矿物材料的磁性是指矿物材料在受到外磁场作用时呈现出的被外磁场吸引、排斥和对外界产生磁场的性质。矿物材料的磁性主要来源于矿物组成成分中的原子磁矩或离子磁矩。原子磁矩或离子磁矩又主要来自核外电子的自旋磁矩和轨道磁矩。原子或离子的总磁矩是所有电子的轨道磁矩和自旋磁矩之和。

矿物材料的磁性由磁化率χ来表征，它等于磁化强度M（或单位体积内的磁矩）与外磁场强度H之比。即

$$\chi = \frac{M}{H} \tag{2-25}$$

其中，M和H的单位均为安培每米（A/m）。

在实际工作过程中由于比磁化率$\chi_{比}$较易测量，因此通常又使用比磁化率$\chi_{比}$来表征矿物材料的磁性。矿物材料的比磁化率定义为矿物材料的磁化率χ与矿物材料的密度ρ之比，即：

$$\chi_{比} = \frac{\chi}{\rho} \tag{2-26}$$

其中，$\chi_{比}$的单位为cm^3/g；ρ的单位为g/cm^3。

矿物材料的磁性可采用多用磁力分析仪进行测定。

根据χ值的大小，矿物材料可分为弱磁性矿物材料和强磁性矿物材料两大类。弱磁性矿物材料又可分为抗（逆）磁性矿物材料、顺磁性矿物材料和反铁磁性矿物材料三种。强磁性矿物材料可分为亚铁磁性矿物材料和铁磁性矿物材料两种（图2-3）。

磁性
- 强磁性
  - 亚铁磁性　$\chi = 10^2 \sim 10^3$
  - 铁磁性　$\chi = 10 \sim 10^5$
- 弱磁性
  - 抗（逆）磁性　$\chi = -10^{-5} \sim 10^{-7}$
  - 顺磁性　$\chi = 10^{-4} \sim 10^{-6}$
  - 反铁磁性　$\chi = 10^{-4} \sim 10^{-5}$

图2-3　磁性强弱与χ的关系

在日常应用中将矿物按磁性强弱分为强磁性、弱磁性和非磁性三类。

（1）强磁性矿物材料。常温下呈现出铁磁性或亚铁磁性的矿物材料属于这一类，如磁铁矿、磁黄铁矿等。

（2）弱磁性矿物材料。大多数具顺磁性和反铁磁性的矿物材料属于这一类，如黑钨矿、黑云母、褐铁矿等。

（3）非磁性矿物材料。所有的抗（逆）磁性矿物材料及某些χ值极小的顺磁性矿物材料和反铁磁性矿物材料属于这一类，如石英和方解石等。

2.5.2 导电性

矿物材料的导电性是指矿物材料对电流的传导能力的强弱。导电性用电阻率ρ来表示。

$$\rho = R\frac{S}{L} \tag{2-27}$$

式中 ρ——电阻率，$\Omega \cdot cm$；

R——电阻，Ω；

S——矿物的截面积，cm^2；

L——矿物的长度，cm。

矿物的电导率 γ 定义为电阻率 ρ 的倒数。即：

$$\gamma = \frac{1}{\rho} \tag{2-28}$$

其中，γ 的单位为 $\Omega^{-1} \cdot cm^{-1}$。

矿物材料的导电能力很大程度上取决于矿物晶体化学键的类型，具金属键的矿物材料因为晶体结构中有自由电子存在，所以导电性强；离子键、共价键和分子键的矿物材料的导电性弱或者不导电。此外，矿物材料的导电性还受类质同象组分、温度、湿度、空隙（裂隙）等许多因素的影响。

根据导电能力的不同，可将矿物材料分为良导体、半导体和非导体三种。良导体矿物材料的电阻率为 $10^2 \sim 10^{-6}\ \Omega \cdot cm$，如自然铜、石墨等；半导体矿物材料的电阻率为 $10^3 \sim 10^{10}\ \Omega \cdot cm$，如少量富含铁和锰的硅酸盐矿物材料，及铁和锰的氧化物属于半导体矿物材料；非导体矿物材料的电阻率一般为 $10^{11} \sim 10^{16}\ \Omega \cdot cm$，如石英、长石、白云母和方解石等。

矿物材料的导电性有广泛的应用，如自然金属和石墨等矿物材料作为导电体，应用于电线、电极等；非导体的白云母、石棉等矿物材料作为绝缘材料；半导体的矿物材料则被广泛应用于无线电工业等各高技术领域。

2.5.3 介电性

矿物材料的介电性是指矿物材料处在外加电场中产生感应电荷的性质，由介电常数来表征。

$$\varepsilon = \frac{C}{C_0} \tag{2-29}$$

式中 ε——矿物材料的介电常数；

C——矿物材料处在极板间的电容；

C_0——极板间为真空时的电容。

矿物材料的介电常数反映矿物材料处于外加电场中时的极化作用，极化作用越大，介电常数越大。所谓极化是指矿物颗粒在电场作用下电荷发生位移的现象。这种位移也称为偶极矩 P。偶极矩的值为：

$$P = \alpha E \tag{2-30}$$

式中 P——矿物的偶极矩；

α——矿物的极化率，对于理想的同种矿物晶体，其 α 为一常数；

E——电场强度。

矿物材料的极化从微观上看有四种类型，如图 2-4 所示。

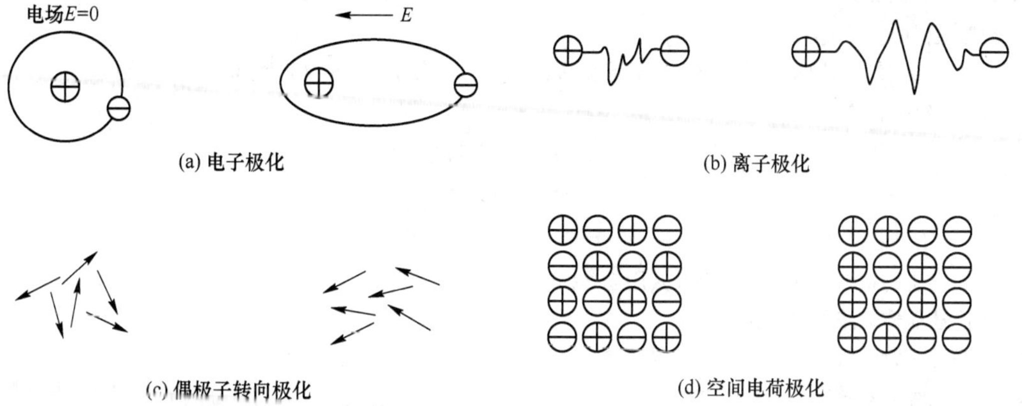

图 2-4　矿物极化示意图

（1）电子极化。由电子云对原子核产生的位移引起的极化。

（2）离子极化。由阴阳离子的相对位移引起的极化。

（3）偶极子转向极化。对于含有偶极子的分子在电场的作用下发生偶极子的转向，以趋于一致形成的极化。

（4）空间电荷极化。由于在介电质内带有不同电荷的阴离子和阳离子分别向阳极和阴极聚集，从而导致电场歪曲造成的极化。

矿物材料的介电性是评价绝缘材料和电容材料的重要指标。

2.5.4　压电性

矿物材料的压电性是指矿物材料晶体在垂直于极轴方向受到压应力或张应力作用时，在矿物材料的极轴两端产生电荷的性质。两端电荷数量相等而符号相反，且产生的荷电量正比于所施加的应力的大小。当应力方向反转时，两端的电荷也随之易号。同时沿极轴两端矿物材料将产生伸长或缩短，这种现象称为矿物材料的电致伸缩。

只有不具对称中心而有极轴存在的矿物材料晶体才可能具有压电性，水晶的二次轴是极轴，具有压电性，且应用最广泛。晶体的压电性在现代科学技术中有广泛应用，如无线电工业中的各种换能器、超声波发生器以及谐振片等均使用了压电水晶。

2.5.5　焦电性

矿物材料的焦电性是指某些电介质矿物材料晶体，当改变其所受温度时，能使矿物材料在极轴的两端产生符号相反的电荷的性质，这种性质称为矿物材料的焦电性。具典型焦电性的矿物材料是电气石，其 c 轴是极轴，当加热时电气石的极轴两端分别带正负电荷，而当将已加热的电气石晶体进行冷却时则电荷发生易号。

矿物的焦电性已在红外探测器等技术中得到广泛应用。

2.5.6　热电性

矿物的热电性是指矿物晶体，当受热或者冷却时，在晶体的某些结晶方向产生荷电的性质。如电气石加热到一定温度时，其 z 轴的一端带正电，另一端带负电；如让其冷却，则两端电荷变号。

矿物晶体的热电性主要存在于无对称中心，具有极性轴的矿物晶体中。如电气石、方硼石、异极矿等。

学习思考题

2-1 简述矿物材料颗粒大小分类及其用途。
2-2 简述晶体缺陷的类型及其含义。
2-3 简述矿物的吸附性定义、分类以及含义。
2-4 什么是矿物颗粒的表面电性？
2-5 影响矿物颗粒表面电性的主要因素有哪些？
2-6 矿物材料的光学性质有哪些？
2-7 什么是矿物材料的力学性质？
2-8 什么是机械形变？
2-9 矿物的热学性质包括有哪些？
2-10 在日常应用中将矿物按磁性强弱可分为哪几种？
2-11 矿物材料的焦电性是指什么？
2-12 什么是矿物材料的介电性？
2-13 矿物材料的导电性是什么？简述其应用领域。
2-14 矿物材料的压电性是什么？
2-15 影响矿物材料热膨胀的主要因素有哪些？简述其影响原理。

3 矿物材料的常用加工工艺

❖ 本章提要

天然矿物材料因其组成的复杂性和产出状态的不同，即使是同一种矿物产出地点不同在性质上也有所差别。为满足应用场合的需要，通常必须对矿物材料进行加工处理，以优化矿物材料的性能。矿物材料的常用加工工艺主要有颗粒的形态处理技术、热处理技术、改性和改型技术等。

3.1 矿物材料提纯工艺

矿物材料的提纯是指通过某些特殊的方法，将矿物材料中的杂质除去，以提高有用组分的纯度。目前主要的提纯方法有物理方法（如浮选、磁选等）和化学方法（如浸出、表面改性等）。

20 世纪 90 年代以来我国矿物提纯技术的发展有三个显著的特点：一是经过选矿提纯的非金属矿品种较 20 世纪 80 年代之前增多；二是传统的非金属矿物，如石棉、石墨、云母、萤石、高岭土等的提纯工艺有了改进；三是镦细粒非金属矿物的提纯及高纯加工技术有了显著发展。

在 20 世纪 80 年代之前，我国只对金刚石、石棉、石墨、云母、高岭土、萤石等少数几种非金属矿进行选矿和提纯。20 世纪 90 年代之后，进行选矿提纯的矿种增加到硅砂、砂岩、长石、硅灰石、夕线石、硅藻土、红柱石、蓝晶石、重晶石、石榴石、伊利石、叶蜡石、膨润土、绢云母、脉石英、天青石、蛭石、菱镁矿、金红石、锆英石等，显著提高了资源的综合利用率和利用价值。目前我国已基本具备加工高纯石墨、石英、硅藻土、金红石等的选矿提纯技术。

目前，我国矿物材料提纯技术存在的主要问题是：

（1）高纯加工技术相对落后。目前国内选矿工艺和设备还难以满足电子工业、新型或高技术陶瓷工业对非金属矿物原料，如石英、锆英砂、金红石、氧化铝等高纯度的要求；

（2）微细粒选矿提纯技术的工业应用滞后。微细粒选矿提纯技术是加工高纯非金属矿产品的重要方法之一。由于许多待分离或分选的非金属矿物嵌布镦细，只有经超细粉碎后才能单体解离，因此微细粒选矿提纯技术是分选这些做细嵌布的非金属矿物的有效技术手段。但是，我国微细粒选矿提纯技术在非金属矿选矿提纯中的研究开发和实际应用远远不够；

（3）选矿回收率和资源综合利用率较低。这是我国中小选矿加工企业普遍存在的问题。

3.1.1 石英的提纯

广西某地粉石英矿是目前区内发现的储量最大的较优质的粉石英矿床，矿物组成研究表明该粉石英矿天然粒度细，含粉量较高，且混杂有少量绢云母、高岭石矿物。矿石中铁杂质含量低，但 -0.005 mm 细粒级产品 FeO 含量较高，且 Al_2O_3 主要分布在 -0.020 mm 以下粒级中，将这些杂质与石英分离是提高产品纯度的关键。

对试验样品的光谱半定量和化学多项分析结果表，矿样不含铜、锰、铅等重金属有害杂质，主要杂质为铝硅酸盐类矿物，铁含量较低。对试样进行粒度分析表明，粉石英主要分布在 -0.045 mm 至 +0.005 mm 之间，分布率高达 69.24%，表明天然石英粉粒度很细，+0.005 mm 铁含量低于 0.1%，表现出优良的地铁特征，-0.005 mm 含量较高，-0.02 mm 粒级的 Al_2O_3 较高，故细粒级物料的除杂是提高产品质量的关键。

实验采用反浮选对石英物料进行提纯（图 3-1），通过选择性絮凝分散脱除富含 Fe_2O_3、Al_2O_3 杂质的矿泥，然后对经选择性絮凝后细粒级粉石英物料进行机进一步浮选除杂，可明显提高产品纯度。

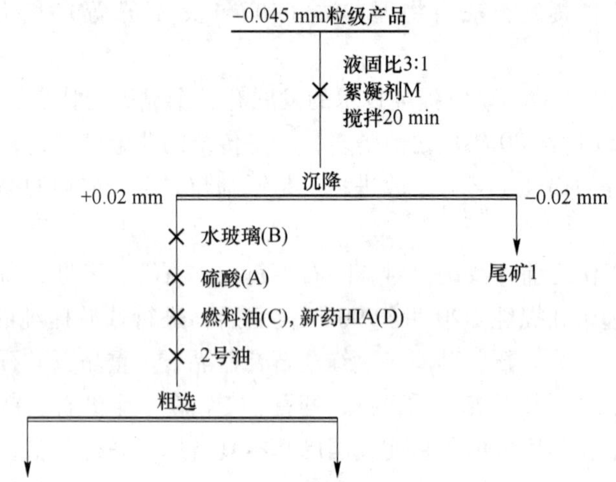

图 3-1 石英提纯工艺

实验过程中控制矿浆的 pH 值，分散剂的用量，捕收剂种类与用量，采用反浮选可优先将绢云母等脉石矿物浮出，达到提纯的目的。

3.1.2 氧化法除铁提纯高岭土

高岭土中含有黄铁矿和有机质时，常使矿物呈灰色。这些物质采用酸洗和还原漂白均难以除去。这就需要采用氧化法进行漂白。

氧化漂白法是用强氧化剂，在水介质中将处于还原状态的黄铁矿等，氧化成可溶于水的亚铁离子；同时，将深色有机质氧化，使其成为能被水洗去的无色氧化物。氧化漂白中所用的氧化剂有次氯酸钠、过氧化氢、高锰酸钾、氯气、臭氧等。

以次氯酸钠为例，黄铁矿被其氧化的反应见下式：

$$FeS_2 + 8NaOCl \longrightarrow Fe^{2+} + 8Na^+ + SO_4^{2-} + 8Cl^-$$

在较强的酸性介质中，亚铁离子是稳定的。但当 pH 值较高时，亚铁则可能变成难溶的三价铁、失去其可溶性。除 pH 值的影响外，氧化漂白过程还受到矿石特性、温度、药剂用量、矿浆浓度、漂白时间等因素的影响。

由于化学漂白法的药剂成本相对较高，因此在工业生产中，常与物理选矿方法联合对经选矿后的精矿进行漂白，以尽量减少漂白所处理的矿浆量，减少漂白剂用量。

3.2 矿物材料的颗粒形态处理工艺

矿物的颗粒形态是指矿物颗粒的形状和大小等特征，如颗粒的比表面积、粒度、表面光滑度等。矿物材料的颗粒形态处理的主要目的见下文。

3.2.1 使矿物材料的颗粒形态特征满足应用条件的要求

矿物材料的颗粒形态对由该材料制成的产品的性能和质量都有明显地影响。如用云母粉制造聚丙烯塑料时，使用 −62 μm 占 45%、径厚比 50 的云母粉比使用 −62 μm 占 84%、径厚比 30 的云母粉所制得的产品的抗拉强度高出 8%、抗弯曲强度高出 8.75%；比未使用云母粉的聚丙烯塑料的抗拉强度高出 34%、抗弯曲强度高出 43.75%。用同一种矿物材料生产不同的产品时，对矿物颗粒形态的要求往往也是不同的。如制造石棉水泥时要求增强纤维中含有一定量的硬结构纤维，以利于改善产品的刚度，并且要求纤维的长径比为 25 ~ 80。而在生产石棉纺织品时则要求使用经过充分松解、梳棉和具有高比表面积的软结构纤维，其长径比一般大于 1000 以上。

3.2.2 提高矿物颗粒在流体中的分散度

为了使矿物颗粒充分分散到流体中并形成稳定的分散相，要求矿物材料颗粒必须具有一定的表面积、形态特征、摩擦系数，以及矿物颗粒与分散介质（流体）之间具有一定的亲和力等，因此，必须对矿物材料颗粒进行加工处理。

3.2.3 促进产品的成型

通过细磨作用可以改善矿物材料的可塑性，以便于使用诸如浇灌、挤出、喷射、抄取、模压、胶结和注塑等各种成型工艺进行加工。

矿物颗粒形态处理技术的关键在于最大限度地保护矿物本身的晶体结构特征。通常对不同的晶体形态应采用不同的处理工艺，片状矿物一般采用磨剥解离工艺，纤维状矿物采用松解工艺，粒状矿物采用超细粉碎工艺。表 3-1 列出了矿物颗粒形态的主要处理工艺类型。对于不同的矿物材料和不同的用途，矿物颗粒形态的处理方法和加工程度也不一样，表 3-2 列出了矿物材料粒级加工程度与应用范围的关系。

表 3-1 矿物材料颗粒形态处理工艺

工艺	加工方法或目的	利用特性	举 例
磨剥解离	按晶面叠层进行磨、削、剥离处理以获得高径厚比的材料	增强功能、减摩、增光、提高界面黏着力等	云母粉、片状石墨
松解剥离	将纤维束松开成高长径比的材料	可纺性、增强性、绝热性、隔音性、吸附性、摩阻性等	石棉、纤维状硅灰石
超细粉碎	提高比表面积和界面活性	补强性、填充性、悬浮稳定性等	高岭土、滑石粉、云母粉
特殊处理	切削、研磨、抛光、刻蚀等加工成装饰品或力学、光学等功能材料	装饰性、光学性、切削性、研磨性	金刚石、宝玉石、水晶、萤石光学制品

表 3-2 矿物材料粒级加工程度与应用范围

加工程度	传统破碎与筛分			深 加 工	
	破碎	粗磨	细磨	超细粉碎	胶体级材料
粒度/mm	-50	-0.5	-0.075	-0.01	-0.001
应用范围	大晶粒矿物解离、无机复合材料骨架	粗粒矿物解离、细砂填料	细粒矿物解离、一般粉料、填料、化工原料	优质填料、涂料、矿物颜料、化工原料、陶瓷材料、悬浮材料	高性能涂料、颜料、矿物胶粘材料

矿物材料颗粒形态处理的常用加工工艺主要有磨剥解离工艺、松解剥离工艺、超细粉碎工艺和切削、研磨、抛光、刻蚀等特殊处理工艺。下面主要讨论矿物材料的超细粉碎加工工艺。

目前，矿物材料的超细粉碎加工工艺是一项重要的矿物颗粒处理工艺。超细加工是为获得超细粉体而进行的一项加工技术，其加工后的产品粒度一般小于 5 μm，通常的机械研磨技术仅能达到 10 μm，因此，超细加工是一项特殊的高新粉碎技术。

超细加工工艺一般包括超细粉碎和分级两部分。超细粉碎的能耗较大，粉碎过程遵从 Rittinger 定理，即粉碎过程的能耗与新生成颗粒的比表面积成正比。因此，如何提高超细粉碎的效率，降低能耗是发展超细粉碎的一项重要课题。分级是将超细粉碎后的产品中合格的粒级部分分离出来，既能降低能耗，又可提高粉碎效率，现主要使用空气分级技术。

现代超细粉碎的主要设备是气流磨，其工作原理是利用高速运动的气流带动矿物颗粒运动，并产生相互碰撞，或撞击一静止靶面实现矿物颗粒的粉碎。目前超细粉碎设备已能够生产 0.25 μm 超细粉体，并正在研究激光超细粉碎技术和等离子体超细粉碎技术。

超细粉碎物料的分级是比超细粉碎更为复杂的一项技术。因为物料的颗粒越细，其表面积和表面能就越大，物料本身越易发生团聚，致使物料的分级变得更加困难。要成功地实现超细物料的分级，首先必须阻止超细颗粒的团聚，阻止颗粒团聚的方法主要是添加表面活性剂，降低颗粒的表面能。超细粉碎后的分级设备主要是各种形式的细筛和超细筛，以及空气分级技术。总的来说，超细物料的分级技术落后于超细粉碎技术，需要大力地进行开发研究。

综上所述，可以看出超细粉碎技术包括物料颗粒的粉碎、阻止颗粒的团聚和超细物料的分级三个方面。

经超细加工后矿物颗粒粒度减小、表面积增大，致使矿物的性质发生变化，这种变化主要表现为以下几方面：

（1）矿物成分和结构发生变化。这是因为超细粉碎过程中，所施加的机械能可激发矿物颗粒的活性，导致矿物颗粒的成分和结构都发生某些变化。如湿磨超细云母粉时，可发生 Mg 取代 Fe，Al 取代 Fe 等类质同象代换现象，导致二八面体结构的云母转变成三八面体结构的云母；又如方解石在机械加工的作用下可转变成文石。

（2）矿物的非晶质化。如石英、石墨等晶体矿物在强机械力作用下可由晶质体转变为非晶质体。

（3）矿物表面性质的变化。矿物颗粒表面的吸附性、黏结性、水化性和流变性等表面性质均会发生改变。

（4）矿物稳定性的变化。由于超细矿物颗粒的表面性质发生改变，导致矿物内能增加，最终使矿物的热稳定性和耐酸碱性下降。

（5）提高矿物的纯度和白度。在超细粉碎中可使矿物中所含的杂质颗粒解离出来，从而提高了矿物的纯度和白度。

总之，超细粉碎不仅使矿物颗粒的粒度改变，而且也改变和优化了矿物的其他性质。有些性质的改变是直观的，如白度、细度和吸附性等；有些性质的改变则需要在应用中才能体现出来，如麦饭石只有在使用它时才能释放出人体所需的微量元素，这种效应也称为“后果效应”。

超细粉碎技术在填料、涂料和精细陶瓷工业中也具有广泛应用。

3.3 矿物材料的热处理工艺

矿物材料的热处理是指采用加热的方法达到改变矿物性质的加工工艺，目的是除去矿物中所含的水分，使矿物发生热分解，或使矿物材料成型固化等。

3.3.1 脱除矿物中所含的水分

矿物中所含的水分通常为：自由水、吸附水和结晶水三种。

自由水为矿物颗粒表面黏附的水，只需采用对矿物进行浓缩、过滤和加热至 70 ~ 110 ℃即可将自由水排除。

吸附水是矿物颗粒表面与水分子之间发生物理吸附作用而黏附的水，吸附水常以颗粒表面水化膜的形式存在，要去除吸附水，大多数矿物材料需加热至 100 ~ 200 ℃才能排除，而要完全排除吸附水则需加热至 300 ℃以上。

结晶水是矿物晶体分子中所含的水，以 OH^- 的形式存在。要去除矿物材料所含结晶水，必须对矿物材料加热至较高的温度，使矿物晶体发生分解作用才能排除。如高岭石中的结晶水需加热至 400 ~ 600 ℃，才能排除大量的结晶水，但还剩余 2% ~ 3% 的结晶水，要完全排除则需加热至 750 ~ 800 ℃才能完全排除。蒙脱石在 300 ℃时开始排除结晶水，到 800 ℃时才能完全排除结晶水。

脱除矿物材料结晶水的热处理工艺称为煅烧，它是矿物晶体分子在加热状态下发生分解的热化学反应过程。高岭石经煅烧后具有较好的白度和硬度，及良好的光学性质与油吸附性。经低温煅烧的高岭石可作电性改良剂，高温煅烧的高岭石则可代替钛白粉，用于塑料、油漆和涂料中。凹凸棒石或海泡石在 200 ~ 500 ℃下煅烧可排除大量的吸附水和结晶水，使颗粒内部晶体结构破坏，变得松弛，比表面成倍增加，继续加热后又可转变为新的稳定状态，可用于生产优质吸附材料和高性能低密度的摩擦材料。用铝土矿生产氧化铝、水镁石生产氧化镁、黏土或蛇纹石生产水泥等都要使用煅烧工艺脱除所含的结晶水。

3.3.2 热分解

热分解是指矿物晶体分子结构在加热中发生离解的化学反应过程，俗称为煅烧。如碳酸盐类矿物在煅烧时发生分解反应放出 CO_2，形成氧化物。煅烧通常分为轻烧和重烧两种。轻烧是指煅烧温度处于矿物分解温度范围以内的热分解作业，一般轻烧温度为 700 ~ 1000 ℃。重烧是指煅烧温度远高于矿物的分解温度的热分解作业，其温度为 1400 ~ 1700 ℃，如供耐火材料使用的白云石熟料以重烧为好。又如轻质碳酸钙是以轻烧 $CaCO_3$，使其分解生成 CaO，再将 CaO 经消化生成 $Ca(OH)_2$，然后通入 CO_2 反应生成的 $CaCO_3$，这种碳酸钙具有粒度细、白度高，为优良的填料、涂料和化工原料。在这一过程中煅烧所生成的 CO_2 也是生产 Na_2CO_3、干冰和饮料的重要原料。

3.3.3 烧成

烧成是指在远高于矿物热分解的温度下进行的煅烧作业。目的是稳定固体氧化物或硅酸盐矿物的物理状态，使其成为稳定的固相。矿物在较低温度下的热分解所生成的各种氧化物，一般结晶都较差，但表面活性高，可用作高性能的吸附材料。而若需作耐火材料或者惰性材料时则需要在更高的温度下煅烧，使之充分地结晶。如低温烧成的 MgO、CaO、ZnO 等，它们的单位晶格比高温烧成时的产品的大，比表面活性也较高，随烧成温度提高，生成的颗粒增大，气孔率和反应活性均减低，约在 1300 ℃以上转变为惰性物质。

对具有两种以上结晶变体的矿物材料，可通过烧成来达到改变结晶方式的目的。一般天然矿物为低温型结晶产出，经过加热后可转变为高温型结晶。如通过加热可使石英晶体转变为方石英晶体，而通过添加矿化剂还可使其转变为鳞石英晶体。

3.3.4 熔融

熔融是指矿物材料在达到熔点的温度下由固相转变为液相的过程。如用粉碎后的石英砂作原料制成有无数小气泡的不透明的石英玻璃叫作熔融氧化硅，其实心或空心制品（微珠）是良好的填充增强剂；熔融的 Al_2O_3 和 TiO_2 的单晶是生产光学仪器玻璃及人造宝石的重要材料。

熔融也可以是两种以上的矿物材料，经相互熔融制成新的产品。如普通玻璃是由硅砂和碱，配入适量的澄清剂，经融化制成。熔融铸石则是以玄武岩、辉绿岩等为原料，配以助熔剂、晶核剂及黏结剂等经熔融、浇铸成型、结晶、退伙等工艺制成，具有较高的耐磨性和耐化学腐蚀性。

3.4　矿物材料的界面处理及改性工艺

矿物材料的界面处理及改性工艺是矿物材料加工工艺中的重要技术，目的是改善矿物颗粒表面的物理化学特性，从而提高矿物材料的使用价值，或者是开拓出矿物材料的新的应用领域。根据在对矿物材料的处理过程中是否发生化学反应，可分为物理处理技术和化学处理技术两大类，所谓物理处理技术是指在处理过程中未发生化学反应的处理工艺，如润湿与浸渍；化学处理技术是指在处理过程中发生了化学反应的处理工艺，如离子交换。

3.4.1　物理处理技术

3.4.1.1　润湿与浸渍

润湿与浸渍是界面处理的最基本方法，目的是使被处理的矿物颗粒的界面被液体充分润湿并吸附相应的液体物质，如水、油等，这种液体物质通常也称为润湿剂。常用的润湿与浸渍方法是将矿物材料完全置于液体介质中，达到矿物颗粒表面被液体润湿的目的。在实施润湿与浸渍的过程中可通过搅拌来提高处理的效果。如在生产复合材料时，增强纤维及其编织物（石棉布、玻璃纤维等）要经过预浸渍作业，才能保证所制得的复合材料的强度和质量。润湿与浸渍工艺通常也作为化学处理技术的辅助作业，通过预浸渍处理可提高矿物材料的化学反应速度和反应过程中生成产物的均匀性。

3.4.1.2　表面涂层处理

在矿物颗粒表面覆盖涂层是实现矿物材料改性的常用方法，目的是提高矿物材料的外观装饰性或抗氧化性。

石棉是重要的矿物材料，但在石棉的生产过程中产生的粉尘属于严重的有害物质，为消除其对人体的危害，可采用在石棉纤维表面覆盖涂层的方法，实现石棉纤维的表面改性，具体做法是将聚醚砜配制成1%~5%的二氯甲烷溶液，然后加入石棉纤维，并搅拌待二氯甲烷自然挥发后，于100 ℃烘干即可。

铸造型砂涂覆一层酚醛树脂或蚨喃树脂，生成的型砂能获得较高的铸造生产速度，并可改善模具和模芯的使用性能。涂覆的方法是将石英砂表面涂以酚醛或呋喃树脂，然后，倒入热模板中，温度达到200 ℃左右时树脂软化，将砂粒黏结在一起，待冷却硬化后取下模板即可。

珠光云母是将氧化锂、氧化铬、氧化钛和氧化铁等涂覆于云母表面制成的，通过控制涂层厚度即可获得不同颜色的珠光效果。广泛应用于化妆品、油漆等产品中，其机理是利用金属氧化物发生水解反应在云母表面沉积出金属氧化物颗粒，这些颗粒具有高的折射率，因而呈现出珠光效果。

3.4.1.3　辐射处理

辐射处理是使用放射性照射矿物材料达到改善其性能的目的。如某些宝石矿物经放射性辐射或高速电子轰击，可使其结构中产生色心而呈现出特定的颜色。市场上常见的紫水晶相当部分即是经辐射处理的结果，需注意的是经辐射处理的宝石早期含有放射性，须经过一定的放射性衰变后方可使用。

3.4.1.4 热处理

热处理改性是通过加热的方法来实现矿物材料化学组成、物理性质等的改变。高岭土热处理改性可除去约14%的结构水，还可除去一部分挥发物和有机物。经过加热处理后的高岭土与普通高岭土的物理化学性质差异主要为白度增高，密度减小，比表面积增大，吸油性、遮盖力和耐磨性提高，绝缘性和热稳定性提高。改性后高岭土可用作塑料、橡胶的填料、耐火材料等。高岭土的煅烧工艺对产品质量有显著影响，一般煅烧温度在470～900 ℃时产品具有较好的松密度和孔隙率，有较高的活性、极好的电性能，可用于高压电缆作功能填料。当温度达到900～1050 ℃时产品白度最佳。温度继续升高高岭石将向偏高岭石转变，并朝假莫来石和莫来石相变（温度1300 ℃），此时，白度较高，硬度和密度明显增加。在同一温度下，热处理时间越长，则白度越高，但硬度也增大。热处理技术在煤系高岭土的开发利用中占有重要地位，基本上是必须的工艺。

3.4.2 化学处理技术

3.4.2.1 偶联剂处理

偶联剂是连接矿物颗粒和聚合物的一种表面活性剂，其作用是实现矿物颗粒界面与聚合物之间牢固结合。因为大多数的矿物颗粒的表面都是极性的，具有良好的亲水性，而聚合物一般为疏水性材料，为改善矿物材料与聚合物之间的黏结力，通常使用偶联剂对矿物表面进行处理。偶联剂是一种表面活性剂，既能与无机矿物材料作用，又能与高分子聚合物发生作用，从而改善复合材料的黏结强度、耐水性、绝缘性和耐腐蚀性等。

一般石棉与热固性树脂具有良好的黏结效果，可不用偶联剂；但玻璃纤维、碳纤维、云母等材料与热固性树脂间均需使用偶联剂进行处理，才能实现良好的黏结。

不同材料及不同的界面对象应选用不同的偶联剂，常用的偶联剂有：有机铬络合物、有机钛酸酯类化合物、有机硅烷类化合物等。

（1）硅烷偶联剂。硅烷分子中含有一个—$Si(OH)_2$基，可被水化为—$Si(OH)_3$，后者与系统中的无机组分能很好地结合，硅烷分子中还有一个可与有机组分相结合的有机官能团，因此，硅烷能使有机与无机组分间产生很强的结合界面，从而提高复合材料的强度、机械性能和电性能。通常硅烷适用于处理酸性填料类矿物材料，如石英、硅酸盐和黏土等矿物材料的处理，对于有机物而言，尤其适应于不饱和聚酯、环氧树脂和热塑性树脂等。

（2）钛酸盐偶联剂。这类偶联剂是通过与无机界面上的自由电子发生反应，生成具有有机功能性质的单分子层，从而将无机组分与有机组分结合在一起。钛酸盐偶联剂特别适应于热塑性塑料和热固性塑料中碳酸钙和硅灰石等填料矿物的颗粒表面改性。

（3）锆酸盐偶联剂。这类偶联剂能与硅烷偶联剂相容，且性质稳定、溶于水，反应过程中不需要水。可适应于聚氯乙烷等有机物与填料矿物如石英、黏土、碳酸钙、三水铝石和二氧化钛等的黏结。

（4）氯化石蜡。氯化石蜡为低价值的偶联剂。可作为硅灰石矿物的偶联剂，对聚氯乙烯密封剂有增强作用，在塑料中具有阻燃作用。

3.4.2.2 表面活化处理

对于一些表面惰性的矿物材料，除了用偶联剂处理外，还可采用热处理或化学处理，以提高矿物材料的表面活性，如在高温高压的流态床中处理高岭土，可制取具有高活性的醚高岭土、卤素高岭土等，从而改善高岭土的惰性。

3.4.2.3 化学处理

化学处理是指利用无机或有机化学反应的方法来处理矿物材料的工艺技术。

（1）酸碱处理。这是利用强酸或强碱将矿物材料表面或夹杂的其他杂质除去，以获得纯净的、化学性质稳定的矿物材料。经过酸碱处理后的矿物材料，比表面积增大、吸附性增强、表面活性增大。如用无机酸处理膨润土可增强膨润土的吸附性。金刚石和石英等矿物常采用酸洗的办法进行提纯。

（2）漂白。漂白工艺常用于对矿物材料清除有色杂质，以提高矿物材料的洁净度和白度。实际上这是对矿物材料的表面层进行处理。最常用的漂白剂为各种氧化剂和还原剂，如漂白粉、硫代硫酸钠等。高岭土含铁时，可采用硫代硫酸钠或亚硫酸钠等除去高岭土表面的三价铁，使其还原成可溶性的二价铁而被除去。用硅藻土制备活性硅微粉时，由于硅藻土表面常带有染色杂质，这些杂质将严重影响硅藻土的白度，并限制硅藻土的用途，此时，可采用 NaOH 和六偏磷酸钠与硅藻土一起进行研磨擦洗将其中的杂质除去，这样处理的硅微粉白度可达 80% 以上。

（3）离子交换。即用其他离子取代矿物材料中的某种离子，实现矿物材料性质的改变和优化。钠基膨润土的性质明显优于钙基膨润土，但在自然界中钠基膨润土的储量和产量都比钙基膨润土少。因此，常利用 Na^+ 交换能力高于 Ca^{2+} 的特性，使钙基膨润土转变为钠基膨润土。具体的方法是向钙基膨润土中加入 Na^+ 的金属盐（如碳酸盐），使其交换出 Ca^{2+}，交换反应速度与矿物的性质、颗粒大小、阴离子和阳离子在晶格中的位置，溶液的 pH 值、温度以及搅拌速度等因素有关。

（4）层间化合物。层间化合物是指具有层状结构的矿物，如云母、石墨、蛭石、膨润土等，通过化学或电化学方法在这些矿物的晶格层间插入其他化学物质，从而形成具有特殊的和优良的使用性质的新型矿物材料。层间化合物的典型代表是石墨层间化合物，它在室温下具有良好的导电性和低温超导性，以及对某些气体的选择性吸附和反渗透能力，此外，还具有高效催化性能，为高能电池的活性材料，且在高温、高速和高载荷下密封性能良好。

3.4.2.4 表面包覆

表面包覆是在矿物材料颗粒的表面包覆一层其他的无机物。如在碳化硅的表面包覆 $3Al_2O_3 \cdot 2SiO_2$，可采用溶胶-凝胶技术，以钇醇盐、异丙醇铝制备溶胶，然后加入碳化硅微粉并调节溶液参数，添加正硅酸乙酯促凝，于 700 ℃干燥即可获得碳化硅表面均匀的包覆层。

超细铜粉性质非常活泼，在空气中极易氧化成黑色的氧化铜，为阻止其氧化，可采用磷化处理，在铜粒表面生成一层磷酸盐薄膜。方法是将铜粉浸入磷酸盐溶液中，在铜粒表面即可生成一层不溶于水的磷酸盐薄膜。

3.5 矿物材料的改型处理

矿物材料的改型是指将天然或者人造矿物和岩石材料经物理和化学方法加工后，矿物岩石的性能产生了定向性的变化，这是用人工方法使矿物材料在成分或结构特征上发生改变。如钠基膨润土的阳离子交换性能优于钙基膨润土，利用这种特性，可以使钙基膨润土改型为钠基膨润土。常用的方法是向原土中加入钠盐，使其在一定温度和压力下发生转化，这种转化的效率与黏土矿物的性质、颗粒大小、阳离子和阴离子的位置及其性质、溶液 pH 值、搅拌强度等因素有关。

天然沸石改型：用 2～0.074 mm（10～200 目）的天然沸石，加入 5 mol/L 的 NaOH 溶液中，在 95 ℃ ±5 ℃下加热 70 h 可得到 P 型沸石；而用稀无机酸（HCl、H_2SO_4、HNO_3 等）处理天然沸石，并使 H^+ 交换率达到 20% 以上，然后在 90～110 ℃下干燥，再经过 350～600 ℃加热活化，可得到吸附速度和阳离子交换容量都很高的 H 型沸石。此外，用 Na 盐（NaCl、Na_2SO_4、Na_2CO_3）处理天然沸石，保持 Na 交换率在 75% 以上，还可得到对气体吸附性很强的 Na 型沸石。天然沸石改型的成本比人工合成沸石的成本低 10～100 倍。在天然沸石进行改型处理的过程中，温度、酸度和碱度的控制十分重要，实验表明：在小于 600 ℃条件下，沸石的离子交换能力很高，且变化较小，大于 600 ℃时其离子交换性急剧下降，大于 900 ℃时其离子交换能力基本丧失。天然沸石在 5 mol/L 以下的强酸中进行处理（煮沸 1 h）时，其离子交换容量变化不大，增加酸浓度，其离子交换能力降低。

蒙脱石的改型处理：可采用 Mg^{2+} 充分取代蒙脱石八面体中的 Al^{3+}，来控制层电荷的高低，同时用助剂使其充分水化，增大蒙脱石晶格的层间距，再经分散解离，晶格错位，使大部分晶面破坏，造成新的断、破键，增加比表面和可变电荷，达到改变蒙脱石的胶体性质的目的。这种改型处理也称为“晶体分离技术”，经处理后的蒙脱石其性质变化情况如表 3-3 所示。

表 3-3　蒙脱石经改型处理后性质的变化情况

编号	样品	吸兰量	CEC	胶质价	容积	比表面	ζ 电位
	单位	mg/100g	mg/100g	mL/15g	mL/g	m^2/g	mV
1	处理前	130～150	88.9～99	38	6		
	处理后			48.5	7		
2	处理前	53	48.5	34.5	5	19683	−35.78
	处理后			46.5	7	20817	−14.72
3	处理前	90.08		38	10	26487	−23.45
	处理后			98	36	28245	−19.72

3.6　矿物材料产品的成型及后处理

矿物材料除了以粉状形式应用的外，绝大多数都要经过成型工艺和后处理工艺，以获得具有一定形状和尺寸的产品。这类工艺包括成型工艺、固化工艺和其他后处理工艺。

3.6.1　成型工艺

成型是在一定的模具上通过机械力或其他的物理化学力等作用，使矿物材料形成具有一定的形状及强度的产品的加工作业。矿物材料在成型前必须设计好产品的组分配比，按不同材料和生产工艺特点，制备好成型用混合料，这种混合料称为泥浆浇铸料、糊料、坯料、悬浮分散状料浆、压塑料、料子等。常用的成型工艺主要有：

（1）塑制成型。对含有适当水分（约20%）的混合料，采用塑制成型的加工工艺技术实现矿物材料产品的成型。塑制成型包括手塑成型和旋塑成型等方法，手塑成型是采用手工的方法进行矿物材料产品成型的一种加工工艺，适用于形状结构特异的产品的成型，如艺术陶瓷、异形坩埚等产品的成型。旋塑成型是通过机械旋转的方法实现矿物材料产品的成型，被广泛应用于各种对称的圆形产品的成型，如石墨坩埚和传统陶瓷产品的成型。有时，这两种加工工艺会结合起来使用，以提高产品的质量。

（2）注模成型。适用于悬浮分散状料浆浇铸成型的加工工艺。一般要求原料具有适当的细度、黏度小、分散均匀、不含气泡。黏土材料和胶凝材料的成型多采用注模成型工艺。对于非黏土质矿物材料的成型须添加成型辅助料，常用的成型辅助料为一些有机聚合物如聚乙烯醇和甲基纤维素等，这种成型辅助剂也称为黏结剂。

（3）模压成型。这是在钢模内，沿单轴方向加压成型的工艺。分为干法和半干法单向压模和双向压模成型工艺；按温度高低又可分为冷压法、热压法和温压法成型工艺。在常温状态进行的模压成型称为冷压成型，在高于100 ℃的温度下进行的模压成型称为热压成型，介于两者之间的模压成型称为温压成型。如生产石棉摩擦材料常使用热压成型方法：将增强纤维、填料、热固性树脂预先制成压塑料，在150～210 ℃下热压固化。热压成型需控制的工艺参数主要有成型压力、温度及升温速度、产品在模具内停留时间、加压排气次数和持续时间等。模压成型由于压塑料与模具之间的摩擦作用，往往不能将压力均匀传递，易造成填充密度不均匀，固化时各部位的收缩率也不同，严重时将发生翘曲变形。因此，模压成型一般只适用于加工扁平状或较薄的产品，采用两面顶的方法可以改善成型效果。

（4）辊压成型。辊压成型是采用对辊挤压生产板状产品的成型工艺。如石棉橡胶板的生产可采用辊压成型工艺。

（5）挤压成型。这是通过对矿物材料加压并使物料通过规定的模具窗口，以连续挤出的方式进行成型的工艺。一般应用于断面形状复杂的工程构件的生产。如塑料产品和某些摩擦材料的生产可采用挤压成型工艺。

（6）喷涂成型。常用的方法有直接喷涂法和喷射-抽吸法。直接喷涂法是将矿物材料直接喷入模具内的成型工艺，同时附加辊式振捣，以确保产品与模板形状一致，并排出裹入的空气。喷涂法成型生产的产品容重很低，如硅酸盐板材的容重为1750～2000 kg/m^3。喷射-抽吸法是生产石棉水泥产品的新工艺，将石棉纤维、玻璃纤维与基体料浆一同喷射到模具表面，并对模具表面抽真空，将水分吸出，在产品达到一定厚度时，立即脱模的一种成型工艺。喷射-抽吸法的特点是产品初期强度高，并可弯曲成异形（如波形、管形等），也可进行饰面加工。

（7）缠绕法成型。通过缠绕方式实现纤维型材料与基体黏结剂复合的成型工艺。纤维型材料可以是石棉或玻璃纤维等，这些纤维型材料按预定方式缠绕成型，再用喷射法或模压法将黏结剂复合上去。该法的特点是产品强度高、摩擦性能好、性质稳定。如石棉离合器片即是用此法生产的。

（8）层压法成型。这是将预混料预置于模具中，然后通过加压来排出液体组分，促使物料与黏结剂相互渗透而胶结成型的成型工艺。层压法成型可生产各种形状复杂的产品。

（9）抄取成型。这一工艺的原理源于造纸。它是对稳定的悬浮体料浆，经抄取机抄造成型的成型工艺。料浆在抄取机的网箱上均匀、定向沉积，并初步滤水、挤压，再被转移到毛布带上，经进一步真空抽吸脱水、压滤后，转移到成型筒上，进一步压实，制得坯料。当生产管状产品时，将成型筒抽出即可。抄取的湿坯再经压型、养护、干燥或固化定型后，即可制成纸状、板状产品。

（10）造粒成型法。这是将粉状矿物材料加工成球状微粒产品的成型方法，常用的方法有喷雾干燥法、挤出造粒法、油成型法和冻结干燥法等。喷雾干燥法是使含有尽可能多的粉状矿物材料的料浆雾化成小液滴，在热风中迅速干燥成小珠粒。挤出造粒法是在加压下将物料挤成小颗粒，经干燥后制成产品。油成型法是将原料在碱性条件下滴加到油中，因表面张力作用形成小球，再经水洗，脱水处理制得物料颗粒。冻结法是将水溶液喷雾到低温有机溶液中，液体立即冻结，使冻结物低温减压升华，经脱水后得到成球状的颗粒。

此外，还有带式成型和纺织法成型工艺。带式成型分为流延法和薄片挤压法两种。流延法是将浆状物料在水平运行基带上流浇成型，通过刮刀控制厚度并加热干燥定型。可生产均匀的薄片，特点是质量稳定。薄片挤压法是通过辊压或挤压的方法在基带上成型，如膨胀石墨生产柔性石墨纸即是采用薄片挤压法。纺织法成型适用于可纺性矿物材料的成型，如石棉布的生产。

3.6.2 固化工艺

产品固化的目的是使加工成型后的产品进一步提高其机械强度，并获得产品所需的各种功能，如抗压性、抗折性、耐磨性等。固化方法按固化工艺的基本原理可分为烧结工艺和胶结工艺两大类。

（1）烧结工艺。烧结工艺是指在低于熔点的温度下对产品加热，使粉状原料收缩成为致密体的技术工艺。烧结机理有两类，即有液相存在和无液相存在的烧结工艺。有液相时，在高温下，液相使颗粒与颗粒之间黏结形成玻璃质结合剂而固化；无液相时，则可能是使固相间产生滑移或塑性流动而固化的。烧结工艺分为低温烧结、压力烧结和气氛烧结三类。低温烧结又分为添加结合剂的烧结和压力烧结法等。压力烧结工艺又分为热压烧结法和高温等静压烧结法等。气氛烧结工艺是指为防止氧化作用发生，在还原气氛中进行的烧结固化工艺。

（2）胶结工艺。胶结工艺是指通过某种媒介物质使矿物材料实现连接固化的技术工艺。媒介物质也称为胶结材料。胶结材料可分为无机胶结材料和有机胶结材料。无机胶结材料包括各种含氧化合物、磷酸盐、硫酸盐、胶凝物质等，凡能使矿物材料连接固化的无机物质均属于此类。有机胶结材料包括各种能与无机矿物材料作用，并连接固化的有机高分子材料，常用的有热固性树脂、热塑性塑料和橡胶等有机材料。

3.6.3 其他后处理工艺

这是指对已制出的产品进行的包括外观质量、结构形状等的加工处理工艺。常用的产品后处理工艺有热处理、形态加工、表面处理、接合与包覆处理技术等。

(1) 热处理工艺。产品热处理的目的是稳定产品的机械性能，特别是消除内应力，防止翘曲变形和开裂，也可以减少水分，改善防水性能等。热处理一般须逐步缓慢升温达120 ~ 130 ℃，保温6 ~ 12 h，对耐热性高的产品要求温度达到230 ℃，总升温及保温时间达30 h以上。

(2) 形态加工。形态加工技术是使制成的产品符合使用要求而进行的外观尺寸、结构形态等的加工过程。常用的加工工艺有切削加工、研磨加工、抛光加工等机械加工方法；还有采用化学、电化学和光学等方法进行加工处理。

(3) 表面处理。产品表面处理的目的是改善产品的表面性能，包括装饰性、防水性、耐腐蚀性、隔音性等。常用的表面处理方法有抛光、贴面、包覆、涂层、镀膜等工艺。

(4) 接合与包覆。接合与包覆都是指产品与产品或产品与其他材料之间相结合的工艺技术。一般有锁接和黏结两种方法。锁接可用螺钉或铆钉进行；黏结则要用高强度黏结剂。在生产汽缸垫片时，常用石棉乳胶板包覆钢片。这时钢片要冲制成有大量毛刺的胎体，同时涂抹树脂，在辊压机中与石棉板复合，最后按产品要求进行冲孔、切割、表面处理、干燥和硫化等工序，制得合格的汽缸垫片产品。

3.7 对矿物材料进行加工的意义

对矿物材料进行加工处理的意义主要有以下两点：第一点是提高了矿物材料的使用价值；第二点是可获得显著的技术经济效益。表3-4列出了一些矿物材料经过加工处理后的增值情况。

表3-4 矿物材料加工以后的增值情况

矿　物	加工技术效果	主要应用领域	增值/倍
碳酸钙	提高充填量	聚氯乙烯管	2 ~ 10
高岭土	提高电性能、作颜料代用品	粘胶、电线和电缆	2 ~ 10
硅灰石	改善强度、作玻璃纤维代用品	尼龙	1.6 ~ 3.8
云母	改善物理性质	聚烯烃	1.13 ~ 5.9
硅砂磨细粉	改善电性质	环氧树脂铸模料	27.9 ~ 35.3
滑石	改善物理性质	工业橡胶	1.48 ~ 3
有机黏土	改善流变性	涂料	37.6 ~ 60

学习思考题

3-1　矿物材料的常用加工工艺主要有哪些？

3-2　简述矿物材料提纯的定义及其方法。

3-3　目前我国矿物材料提纯技术存在的主要问题是什么？

3-4　矿物的颗粒形态是指什么？简述矿物材料的颗粒形态处理的主要目的。

3-5　矿物材料的热处理是指什么？

3-6 简述偶联剂处理的定义及其意义。
3-7 层间化合物是指什么，具有什么特性？
3-8 什么是矿物材料的改型？
3-9 产品固化的目的是什么？
3-10 简述矿物材料进行加工处理的意义。

4 各领域中应用矿物材料概述

❖ 本章提要

矿物材料的应用领域几乎已涉及所有的工业领域和部门，由于各领域中对所使用的矿物材料的种类和性质的要求各不相同，所以有必要首先了解各领域中所使用的矿物材料的情况。目前，根据矿物材料被应用的领域不同，矿物材料主要可分为矿物保温材料、绝缘矿物材料、填料矿物材料、农用矿物材料、药用矿物材料、环保用矿物材料、研磨矿物材料、宝玉石矿物材料、功能矿物材料、陶瓷矿物材料、建筑矿物材料、化工矿物原料等。

4.1 矿物保温材料

4.1.1 概述

采取有效节能措施，控制能源消耗，降低生产成本是现代工业发展需要研究的重要课题。保温材料就是节能工程的基本材料之一，保温材料是用作保护物体，使其减少热量散失的材料。保温材料的特点是热导率低、容重小、结构疏松多孔、吸湿性差等。热性能是衡量保温材料质量好坏的主要指标，热性能包括热传导、热稳定性和热膨胀性等。热传导又是衡量保温材料质量优劣的基本性质，热传导性的强弱用热导率来表示，热导率是指热能沿温度梯度方向的传输速度。热导率越低，热传导速度越慢，该材料的保温隔热性能越好。

矿物材料的热传导机理与金属的热传导机理不同，金属的热传导是依靠自由电子的运动实现热量传递的，而矿物材料的热传导则是依靠晶格中的原子振动实现热传递的。常温下矿物材料的热导率一般小于4.186 W/(m·K)，比金属的热导率(一般为41 ~419 W/(m·K))小得多，而非晶质固体的热导率又比矿物晶体的热导率小。据此，有经验的宝玉石鉴定专家通常用舌头的温感来区分宝石晶体与玻璃仿制品。

热稳定性也是衡量保温材料性能优劣的重要参数。所谓热稳定性是指矿物材料在经受温度急剧变化的情况下，不发生剧烈膨胀、收缩、碎裂和化学变化（如燃烧、分解、升华等）而基本保持矿物材料原有性质的特性。对具体的保温矿物材料而言，热稳定性与热传递性的要求是有一定矛盾的。一般，热导率低的矿物材料易导致材料内部形成较大的温差，从而产生热应力，当这种热应力超过材料的强度极限时，材料即遭破坏，所以，热导率低则热稳定性差。因此，实际应用中要根据使用场合的目的和要求，研究选用合适的保温材料，以克服热稳定性与热导率之间的矛盾。

保温材料还应具有一定的机械强度，使之具有较长的使用寿命。

按使用温度范围，保温材料可分为保温材料和保冷材料两大类，如图4-1所示。

- 保温材料
  - 保温材料
    - 低温材料，使用温度<25 ℃
    - 中温材料，使用温度250~700 ℃
    - 高温材料，使用温度700~1000 ℃
    - 耐火材料，使用温度>1000 ℃
  - 保冷材料，使用温度<0 ℃

图 4-1　保温材料的分类

按保温材料的物质组成，保温材料可分为无机保温材料和有机保温材料两类。矿物保温材料均属于无机保温材料，常用的有蛭石、石棉、珍珠岩等矿物材料。有机保温材料包括软木、谷壳、植物纤维、塑料和橡胶等。

4.1.2　矿物保温材料

矿物保温材料通常具有热导率低、可使被保护物体的温度在一定时间内维持近似恒定值，从而有效减少物体的热传递。矿物保温材料具有较好的加工工艺性能，易与其他材料制成热性能优良的保温产品，另外，还可兼作轻质隔音材料。

矿物保温材料按自身特性和加工工艺特点，可分为保温矿物材料、保温岩石和保温用矿岩产品三类。

（1）保温矿物材料。保温矿物材料包括蛭石、石棉、纤维水镁石、石膏及硬石膏等矿物材料均属于此类。蛭石为含水铝硅酸盐矿物，硬度 1 ~ 1.5，密度 2.4 ~ 2.7 g/cm^3，熔点 1320 ~ 1350 ℃。蛭石在较低温度下即可开始膨胀，在 200 ~ 300 ℃时，急剧膨胀，在 800 ~ 1100 ℃时，达到膨胀的最大值，最大膨胀倍数一般为常温下体积的 10 ~ 25 倍。膨胀后蛭石的热导率和密度明显减小，具有隔热、防火、隔音和吸水等功能。蛭石的粒度大小对其应用有明显影响，如表 4-1 所示。

表 4-1　蛭石粒度对其应用的影响

粒度	0.84 mm	0.84 ~ 0.42 mm	0.42 ~ 0.125 mm	125 ~ 53 μm	53 μm
用途	房屋绝缘器材、家用冷藏器、汽车减音器、隔音灰泥、保险箱和地窖衬里管道、锅炉的护热衣、冶炼厂的长柄勺、耐火砖绝缘水泥	汽车绝缘器材、飞机绝缘器材、冷藏库绝缘器材、客车绝缘器材、墙板、水冷却器、钢材退火、灭火器、过滤器、冷藏车	油地毡、屋顶板、介电闸板	糊墙纸、户外广告、油漆（增加黏度）、照相软木板用的防火卡片	金黄色或古铜色油漆、油漆的外补充料

用作保温材料的通常为温石棉，其热导率一般为 0.1 ~ 0.23 W/(m · K)，质量热容一般为 0.2 J/(kg · K)，使用温度一般为 400 ℃，最高工作温度为 600 ~ 800 ℃。烧失量(800 ℃)为 13% ~ 15%，吸湿量为 1% ~ 3%。温石棉的机械强度较高、绝缘性好、耐酸碱性强。

纤维水镁石在保温材料中已部分替代了温石棉。海泡石石棉也可作为温石棉的代用品。此外，石膏、硬石膏制作的内墙空心板热导率为 0.44 ~ 0.58 W/(m · K)，为价廉的建筑保温材料。蛭石石膏板也具有良好的隔热、隔音效果。

（2）保温岩石。属于这一类的有珍珠岩、黑耀岩、松脂岩、硅藻土、浮石等矿物岩石。

珍珠岩、黑耀岩、松脂岩等岩石具有优良的热膨胀性能，膨胀后呈多孔结构，密度为 80～300 kg/m^3，热导率为 0.035～0.07 W/(m·K)，适用温度范围为 100～200 ℃，化学稳定性好，可作隔热保温、吸音材料。

硅藻土具有孔隙度大，孔体积一般为 0.43～0.87 cm^3/g，孔半径多为 50～800 nm。对声、热、电的传导性极差，为良好的保温材料。

浮石是多孔火山熔岩，其孔隙体积占总体积的 1/2 以上。导热性差，密度小，常用作隔热保温材料。

（3）保温用矿岩产品。这是指以各保温矿物材料为原料，配以各添加剂后，经加工制成的保温材料。如膨胀页岩与黏土及煤矸石可制作保温陶粒；玄武岩、辉绿岩、蛇纹岩可用于生产保温岩棉。用玻璃、陶瓷、水泥生产的玻璃棉、泡沫玻璃、泡沫陶瓷、泡沫水泥等均可用作保温材料。

4.1.3 矿物保温材料的研究与开发

工业上直接将单一矿物作保温材料的情况很少，大多数情况是将一种或数种热导率低的矿物材料与黏结剂配制成各种保温材料，如保温填充材料、保温包层或板材、保温涂层等；或者是将矿物材料和岩石经高温加工生产制成保温材料。所以，新型保温材料的研究与开发，即是不断研究新的保温矿物材料原料以及各种矿物材料的组合和新的配方，不断研究保温材料的加工和生产工艺，开发出新的矿物保温材料品种。

微孔硅酸钙是由多种矿物材料制成的新型保温材料，其基体组成物质通常是硅质和钙质矿物原料，如石英、硅藻土、膨润土、沸石、火山灰等；纤维材料包括无机矿物纤维和有机纤维等，目前使用最广泛的是无机矿物纤维——温石棉，其次是水镁石。纤维材料在保温材料中主要起增强作用，使微孔硅酸钙的抗折强度和韧性增强，可延长其使用寿命。微孔硅酸钙生产的基本工艺是先将硅质原料和钙质原料与助剂混合，在水热条件下合成含水硅酸钙，再加入纤维材料，经压制成型而制成。

空心微珠（漂珠）是近年开发出的新型保温材料，系热电厂燃煤后粉煤灰中综合回收的副产品。用蛇纹石浸取高纯氧化镁后的副产品——多孔氧化硅，也可作轻质保温材料。可见，从矿物原料的综合利用中开发新型保温材料也是一条重要途径。

比西波尔是俄罗斯以廉价原料、低能耗、低成本生产出的保温材料，它耐水、抗冻、耐化学和微生物侵蚀，且有强度和生态洁净的功能。

4.2 绝缘矿物材料

4.2.1 概述

绝缘材料的主要功能是起隔离作用，即使不导电的绝缘材料位于导电物体与其他物体之间起相互隔离作用。按绝缘材料的生产方式不同，绝缘材料分为天然绝缘材料（如石棉、云母等）和人造绝缘材料（如合成纤维、合成树脂等）。按绝缘材料的物质形态不同，可分为气体（如空气）、液体（如变压器油）和固体（如矿物材料）绝缘材料。此外，还有介于液体和固体之间的所谓凝固性绝缘材料，如树脂绝缘材料、沥青等。

绝缘材料必须具有以下的基本性质：

（1）介电性质。介电性主要包括击穿电压、介电损耗、表面电阻、体积电阻和介电常数等。

电击穿是指当外加电压增高并达到一定（极限）值时，电介质丧失其绝缘性的现象。相应的极限电压称为击穿电压。

介质损耗是指电介质在外加电压作用下由于发热所消耗的电能。这种损耗的原因主要是由于介质中所含的水分和杂质引起。

表面电阻定义为电流通过绝缘体表面所碰到的阻力。电介质的表面电阻值受到物体表面的水分或灰尘等因素的影响。

体积电阻定义为电流通过绝缘体所碰到的阻力。

介电常数表征电容器的两极板间存在电介质时的电容与真空状态（无电介质）下的电容之比。

（2）机械强度。绝缘材料应具有一定的机械强度，因为由绝缘材料构成的物品，常常要承受一定的机械负荷，如拉伸、重压、扭曲、弯折等作用。

（3）其他性质。主要包括耐热性、吸湿性、化学稳定性等。优良的绝缘材料应具有耐热性好、吸湿性差、化学稳定性好。

4.2.2 绝缘矿物材料

影响绝缘矿物材料绝缘性的主要因素有矿物材料的结构、含杂质情况、环境温度和湿度等。具有金属键结构的矿物材料由于存在自由电子，所以具有强的导电性，具离子键和共价键结构的矿物材料导电性弱或不导电，多数非金属矿物均为离子键或共价键结构，常可作绝缘材料。杂质的存在对矿物材料的绝缘性也有很大影响，如温石棉中含磁铁矿时其绝缘性将显著下降。自然界中的水具导电性，所以含水时矿物的绝缘性也将下降。温度升高、湿度加大均使矿物材料的绝缘性下降。

绝缘矿物材料按其性质、类别和用途可分为绝缘功能矿物材料、绝缘填料矿物材料、绝缘石材和其他绝缘矿物材料。

绝缘功能矿物材料是指具有优良绝缘性能，可直接加工成绝缘产品的矿物材料。如白云母可直接加工成各种绝缘产品。

绝缘填料矿物材料是指具有较好绝缘性且价格低廉的矿物粉末、纤维或晶片等。可作绝缘填料的矿物主要有滑石、叶蜡石、高岭石、碎云母、纤蛇纹石石棉、硅石粉等。这些矿物材料被广泛应用于塑料、橡胶、油漆等产品中作为绝缘填料。

绝缘石材是指具良好绝缘性的天然石材，一些含金属矿物，主要是含铁质较少的岩石可直接用作绝缘板材。如广泛应用的白色大理石、滑石岩和浅色板材等，常用作电工绝缘板。

其他绝缘矿物材料包括各种玻璃、陶瓷产品都是性能优良的绝缘材料。

4.2.3 绝缘矿物材料的研究进展

凝固性绝缘材料为绝缘矿物材料的新品种，凝固性绝缘材料是指介于液态和固态之间的一类绝缘材料。凝固性绝缘材料可以单独使用，如绝缘油漆，也可以与其他物质组成混合物使用，如树脂、沥青、蜡和溶剂等进行混合使用，凝固性绝缘材料还可用来浸渍、涂敷、黏合各种固体绝缘材料。绝缘塑料即属于凝固性绝缘材料，系由树脂、沥青等胶黏剂与填料混合加工制成，填料矿物包括石棉纤维、云母粉、滑石粉等。如以石棉纤维为主要填料制成的酚醛塑料为优良的绝缘材料。

新型绝缘材料的研究，如以高纯矿物材料为原料，经加工生产的绝缘材料。如高纯云母粉用树脂胶粘制成云母纸、板和绝缘垫圈等产品，可加工成许多的绝缘器件。技术玻璃是良好的电绝缘材料，对矿物原料的纯度要求很高，如 SiO_2 要大于98%。

4.3 填料矿物材料

填料又称作充填剂，即添加进产品中作充填用的材料，其作用可改善产品性能、降低生产成本、改进生产工艺特性等。矿物填料发展很快，其年消耗量以每年平均2%~6%的速度递增。矿物填料的应用领域非常广泛，塑料、橡胶、纸张、涂料等工业领域是应用矿物填料最多的领域。

4.3.1 塑料填料矿物

塑料填料矿物的用量很大，美国在20世纪80年代初期的用量为700万吨左右，2000年时塑料填料矿物的消耗量达到1500万吨。塑料本身消耗量的增长速度为每年4%，而填料矿物消耗量的增长速度却达每年19%，其中滑石、石英等矿物填料的消耗量递增每年20%以上。但是新型塑料产品对填料的性质要求十分严格，绝大部分矿物填料须经过改性处理，才能符合要求。美国年消耗经改性处理后的填料矿物占总全球消耗量的80%以上，特别是全塑汽车的出现更引起填料矿物界的关注。

塑料的组成可分为三部分：合成树脂、矿物填料和添加剂。合成树脂是塑料的主要成分，决定着塑料的基本性质。矿物填料和添加剂主要影响塑料的成型特性和强度等性质。

矿物填料在塑料中的作用主要有：

（1）降低成本。矿物的使用可取代一定数量的基体——树脂，而矿物的成本比树脂低得多。

（2）补强作用。矿物颗粒的活性表面可与树脂大分子相结合，形成交联结构，从而增加塑料的机械强度。

（3）调整塑料的流变性。矿物颗粒的使用可改变塑料的流变性。

（4）改善塑料的化学性质。矿物填料可降低塑料的渗透性、改变化学活性、提高塑料的耐水性和耐蚀性等。

（5）改善塑料的热性能。矿物填料可提高塑料的热畸变性，降低塑料的比热、提高热导率、改善塑料阻燃性能。

（6）改进塑料的电性能。矿物填料的使用对塑料的介电常数和击穿电压没有显著的影响，但可提高塑料的耐电弧性。

此外，矿物填料还可调节塑料的颜色和不透明性。

填料矿物的性质对塑料性能的影响主要表现为：矿物颗粒的形态、粒度及其分布，比表面积，化学组成，硬度和密度，热学、光学、电学等性质对塑料性能的影响。

（1）形态、粒度及其分布的影响。矿物颗粒的形态、粒度以及粒度分布不同主要影响塑料的流变性、磨损性、颗粒堆砌特征、强度、光学效应、化学稳定性等。

（2）比表面积的影响。颗粒的比表面积主要影响矿物颗粒与树脂的相容性、界面化学反应、耐老化性，进而影响塑料的强度、摩擦系数、吸湿性等。

（3）化学组成的影响。矿物的化学组成主要影响塑料的稳定性。

（4）硬度和密度的影响。矿物的硬度影响塑料的抗压强度和耐磨性，也影响塑料的刚度、回弹等性能。矿物的密度影响矿物颗粒与树脂的混合后的稳定性及材料的密度，其关系式为：

$$\rho_c = \rho_f / (F_f + \rho_f F_p / \rho_p) \tag{4-1}$$

式中 ρ_c，ρ_f，ρ_p——塑料、填料矿物、基体的密度；

F_f，F_p——基体、填料矿物在塑料中占的百分比。

（5）热学性质。填料矿物的热导率比树脂的热导率大约一个数量级，所以填料矿物的热学性质将影响塑料的导热性、比热和热膨胀性等。

此外，矿物的电学性质将对塑料的绝缘性等有明显的影响。

塑料填料矿物的选择原则应是价格低廉、来源广泛、无毒、无刺激性、无气味、不与基体或添加剂发生化学反应生成有害物质、易于湿润、分散、黏度适中、流变性好、稳定性好、有利于改进塑料的性能等。表 4-2 为不同填料对塑料性能的影响。

表 4-2 不同填料对塑料性能的影响

性能要求	填料种类	性能要求	填料种类
抗冲击强度	石棉纤维、玻璃纤维、铝粉、云母	精度	白垩粉
抗压和硬度	石英粉、铁粉、水泥粉	耐电弧性	云母粉、石英粉、瓷粉
黏合力	氧化铝粉、钛白粉、瓷粉	导电性	银粉、铜粉、铝粉
耐热性	石棉粉、酚醛树脂	加工性能	石膏粉、滑石粉
导热性	铜粉、铝粉	润滑性	石英粉、滑石粉
抗磨性	石墨、硅酸镁、石英粉		

4.3.2 橡胶填料矿物

橡胶是由天然或化工合成的胶乳加工制成的具有弹性、绝缘性、不透水性、不透气性的材料。橡胶主要由三部分组成：胶乳、矿物填料和配合料。橡胶的主要性能参数包括弹性（回弹率、相对伸长率、永久变形等）、热性能（玻璃温度、脆化温度、黏流温度、裂解温度、耐燃性等）、电性能（介电常数、介电损耗等）、透过性（透气性、透水性等）、耐油性、硬度和耐磨性等性质。

4.3.2.1 填料矿物在橡胶中的作用

（1）补强作用。矿物填料可提高橡胶产品的机械强度和硬度，这是因为矿物颗粒表面与橡胶大分子发生作用，当橡胶受外力作用时，部分较弱的分子键被破坏，而多数受力分子键可通过不均质的结构把外力分散到其他分子上。因此，即使某个分子键发生断裂，其他的分子键也可以起补强加固的作用，使整体得到加强。

（2）增大容积，降低成本。填料矿物的生产成本比胶乳的生产成本低，填料的使用将降低胶乳的用量，从而降低橡胶的生产成本。

（3）改进混炼胶的性能。填料矿物可调节橡胶的可塑性、黏性、表面性质等。

（4）改进硫化性能。

（5）其他。可改进橡胶的着色、发孔、阻燃等性能。

4.3.2.2 填料矿物的性质对橡胶性能的影响

（1）粒度的影响。填料矿物的粒度越细，补强作用越好。但小于0.1 μm时，由于颗粒的比表面积极大，极易产生凝聚，使橡胶的浸润和填料的分散变得困难。

（2）形态的影响。填料颗粒的形态主要影响混炼胶的流变性，对硫化胶的硬度、弹性、抗拉强度、永久变形等性能均有影响。粒状矿物颗粒与片状、纤维状矿物颗粒相比，有减小混炼胶或硫化胶收缩性的特点。

（3）化学性质的影响。矿物填料的化学性质包括酸碱度，吸附性等表面性质对橡胶的相容性、稳定性、浸润性、分散性、硫化性、补强性、耐老化性等性质均有影响。

表4-3为填料矿物的颗粒形状对橡胶性能的影响。表4-4为使用不同的表面处理剂对橡胶性能的影响。

表4-3 填料矿物的颗粒形状对橡胶性能的影响

填 料	形 状	黏度（100 ℃）/Pa·s	收缩率/%	黏着强度 /g·1.5 cm^{-1}	永久变形/%
改性碳酸钙	立方体	65	43	550	3.4
改性碳酸钙	立方体、板状	65	31	465	10.3
改性碳酸钙	纺锤体、板状	73	29	420	8.2
轻质碳酸钙	纺锤体	65	30	260	5.7
重质碳酸钙	不规则体	57	29	320	
碳酸镁	板片状	72	28	285	13.7
硬质陶土	六方板形	65	29	340	6.7
软质陶土	六方板形	54	27	320	
烧结瓷土	六方板形	79	22	280	
白炭黑	球形	101	26	0	20.3

表4-4 碳酸钙作填料时表面处理剂对橡胶性能的影响

处理剂	天然胶			丁苯胶		
	抗拉强度 /kg·cm^{-2}	伸长率/%	硬度	抗拉强度 /kg·cm^{-2}	伸长率/%	硬度
脂肪酸	240	640	54	94	640	50
木质素	246	680	52	138	660	59
阴离子表面活性剂	252	590	57	68	390	62

4.3.3 纸张填料矿物

纸的基本组成是纸浆、填料和添加剂。纸浆一般为植物纤维，形成网状形态，其间的空隙由填料充填。造纸的基本工艺流程如图 4-2 所示。

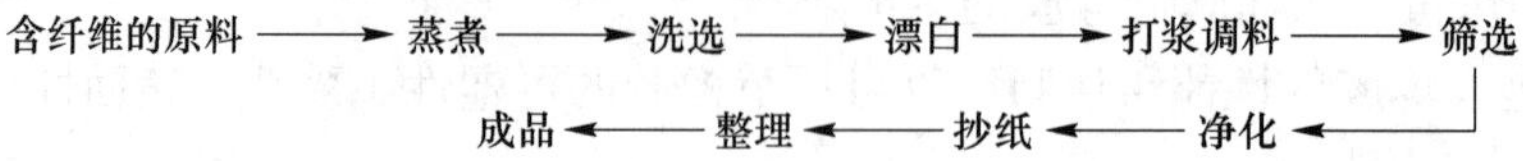

图 4-2 造纸工艺流程

矿物填料在打浆调料阶段加入，形成混合浆液。

4.3.3.1 *矿物填料在纸张生产中的作用*

（1）提高纸张白度、平滑度和不透明性。在纸张中纤维提供了纸张的强度，但存在许多的孔隙，表面粗糙，加入矿物填料即可改善这些性能。

（2）使纸张着墨性能良好，改善纸张的印刷色、品质。如日本研制的沸石填料，使纸张着墨性很强，产品质量很好。

（3）清除纸张生产中的有害杂质。如利用沸石的吸附性，在造纸打浆过程中可清除有害的化学气体；酸性矿物在碱法造纸中，可与各种有机酸反应，起到净化水质作用；水镁石填料在碱法造纸中可使废水循环利用，不造成环境污染。

此外，对不燃纸、防霉纸、防蛀纸等特种性质的纸张，都要选用适当的矿物填料，以发挥其独特的功效。

4.3.3.2 *矿物填料性质对纸张性质的影响*

（1）粒度。纸张填料矿物的颗粒粒度一般要求应小于 10 μm，其中 2 ~ 3 μm 的应占 50%，否则纸张平滑度下降，吸水率上升。纸张填料的最佳粒度为 2 μm 左右，且要求粒度分布范围和粒度密集区不能太宽，若过细（如小于 0.05 μm）则使纸张的不透明性下降，过粗则使油墨浸透加剧。

（2）形状。粒状矿物易进入纸张纤维中的孔隙，片状次之，纤维状矿物则不易进入，且纸张表面易于发毛。粒状矿物对光的反射较片状矿物差，所以片状矿物能提高纸张的亮度。

（3）白度。矿物的白度是保证纸张的白度和不透明性的基本条件。白度高的片状矿物（如高岭石）可提高纸张的白度和不透明性。

（4）密度。填料矿物的密度直接影响纸张的密度及灰分。一般纸张要求越轻越好，所以填料矿物的密度一般应小于 2.7 g/cm^3，密度小，才能提高纸张中的灰分含量，降低生产成本。如日本用沸石作填料，美国用空心微珠作填料，都是为减轻纸张的容重。

（5）硬度。要求纸张填料矿物的硬度不大于摩氏 3 度，适当的硬度可使纸张具有良好的耐磨性，又不使造纸设备过量磨损，影响设备的使用寿命。

（6）纯度和 pH 值。纯度是保证矿物的亮度、白度、硬度和密度的关键。矿物的 pH 值应与造纸工艺的 pH 值相适应。若纸浆的 pH 值达 4，则不宜用 $CaCO_3$ 作填料。

此外，纸用矿物填料的有害组分应严格控制，使之符合国家规定的卫生标准。

常用的造纸矿物填料有高岭石、金红石、钛白粉、方解石、滑石等，新开发的有沸石、水镁石等。

4.3.4 涂料填料矿物

涂料是以油脂类、合成树脂类、橡胶类和高分子黏结剂等为主要原料制成的涂饰材料。涂料的基本技术性能包括黏度、稳定性、遮盖力、附着力、硬度、耐磨性、耐污染性、耐候性、耐热性、耐光性、耐水性、化学稳定性和耐霉菌性等。涂料的基本组成有：主要成膜物质，包括油脂和树脂；颜料，包括着色剂和填料；次要成膜物质，包括溶剂（稀释剂、溶剂、助溶剂）及其他助剂（催干剂、增塑剂、润湿剂、稳定剂、乳化剂）。

4.3.4.1 *矿物填料在涂料中的主要作用*

（1）控制涂料黏度、稠度和触变性。矿物颗粒以微粒形式分散于涂料中，微粒间以弱键力连接，引起絮凝作用，从而调节涂料的黏度和稠度。颗粒的形态对涂料的触变性有明显影响，板片状和针状矿物颗粒的触变性较好。

（2）影响涂料的流平性。涂料的流平性与黏度成反比，黏度大，流平性差，但黏度小，则遮盖力减弱。

（3）防止着色剂沉降。填料矿物颗粒均有一定的吸附能力，并能提高涂料黏度，因而能吸附着色剂，使之不易产生沉降和分层，提高着色力和遮盖力。

（4）改善涂料光泽。填料颗粒的粒度越小，光的反射能力越强，光泽越强。

（5）提高化学稳定性。化学稳定性好的矿物，尤其是片状矿物具有良好的遮盖力，能阻碍腐蚀性气体的渗透，提高耐候性、防蚀性和涂膜龟裂。

（6）提高电性能。具有导电性的矿物填料可使涂料具有导电性，如石墨与丙烯酸树脂可制成导电涂料。

4.3.4.2 *填料矿物性质对涂料性能的影响*

（1）形态和粒度的影响。填料颗粒的形态和粒度主要影响涂料的黏度、沉降性和流平性。

（2）光学性质的影响。矿物颗粒的白度、颜色、亮度、折射率等光学性质直接影响涂料的光学效应。如具荧光性的矿物可使涂料产生荧光效果。

（3）化学性质及表面性质的影响。矿物的酸碱性影响矿物颗粒与成膜物质、溶剂的相容性。矿物颗粒的表面电性对涂料的施工工艺有影响。如电泳涂料是利用电泳技术进行涂刷，矿物颗粒表面的电性将对其质量产生影响。

常用的涂料填料矿物主要有高岭石、迪开石、蒙脱石、石墨、方解石、石英、滑石、温石棉、重晶石、白云母、硅灰石、白云石等。

新型涂料朝着多功能方向发展，因而要求填料矿物具有优良的特殊性质，必须是低毒或无毒，具防霉、防菌等功能。

4.4 农用矿物材料

农用矿物材料是指农业（农、林、牧、副、渔）生产过程中所应用的矿物材料。按应用领域，可将农用矿物材料分为肥料矿物材料、饲料矿物材料、农药矿物材料和土壤及改良水土的矿物材料。

4.4.1 肥料矿物材料

肥料矿物材料是指用于生产化肥或直接施用于作物作为肥料的矿物材料，包括含 N、P、K 的肥料矿物；含 Mg、Ca 的肥料矿物；含农作物所需的微量元素的肥料矿物等。

肥料矿物对农作物生长所起的作用主要有：提供农作物需要的营养元素和有益元素；改善肥料的物理性状，如在肥料中添加沸石或黏土矿物可减少肥料的结块；增加土壤的湿度和松散性；提高肥料的吸收率和肥效，如可制作缓释肥；改造土壤等。

肥料矿物可分为：

（1）直接使用的肥料矿物。指那些不需进行深入加工，可直接施用于土壤中的矿物，如海绿石、霞石、蓝铁矿等。

（2）配料矿物。指用于生产复合肥、长效肥的配料的矿物，如蛇纹石用于生产钙镁磷肥的配料。

（3）原料矿物。指生产化肥中所使用的各种矿物原料，以及肥料中使用的各种矿物添加剂。如磷灰石可直接作肥料使用；矿物添加剂是指添加于肥料中，用于改善肥料性状的矿物，如沸石和蛭石等可添加于肥料中，对肥料起到缓释作用，从而延长肥效。

肥料矿物的使用准则：肥料矿物的使用方法，条件及用量都必须符合下列准则，以满足植物学、土壤学和肥料学的基本要求。

（1）同等重要律和不可替代律。这是指作物必需的营养元素在其体内，不论多少都是同等重要的，任何一种营养元素的特殊生物功能都不能被其他元素所取代，微肥与 N、P、K 肥等一样重要，都可使作物增产。

（2）养分平衡律。作物的产量要受常量和微量营养元素间应有的比例平衡关系制约。当营养环境中平衡比例失调，缺少某个营养元素时，产量即受这一元素的制约，即产量随这一元素的增加而提高，这就是作物养分种类和数量上的平衡律。

（3）用作肥料的矿物必须满足的基本条件。不含毒素，或所含毒素不会进入植物体内，不会引起其他毒素在植物体内富集，长期或大量使用不会对土壤特性产生大的损害，费用低于化肥，有稳定的资源。

（4）影响肥料矿物使用效果的因素。主要为施用的时间性和阶段性，施用方式，及与其他肥料混合使用的交互作用等因素。

常用的肥料矿物材料主要有含 N 矿物，如钠硝石、钾硝石；含 P 矿物，如磷灰石、兰铁矿、磷铝石；含 K 矿物，如钾长石、霞石、金云母、明矾石、伊利石等；此外，石膏、铁矾、铜蓝、辉铜矿、自然硫、孔雀石、软锰矿、石灰石、蛭石、白云石、硼镁矿、硼砂、电气石、沸石、蒙脱石、海泡石等也可直接用作肥料。稀土元素对作物生长也有积极作用。

4.4.2 饲料矿物

饲料矿物也称为饲料矿物添加剂，是指用可饲用矿物为基础原料加工制作的饲料。

饲料矿物的主要作用：

（1）营养作用。矿物含有动物生长必需的营养元素，如沸石、膨润土、海泡石、硅藻土、石灰石等都含有多种生物所必需的常量和微量元素，可参与动物体内的营养代谢。

（2）防毒作用。利用矿物的吸附作用可减弱动物对毒素的吸收。

（3）防病、治病作用。矿物对有害气体或有害物质具有吸附作用，如海泡石、沸石等可吸附氨，防止氨中毒；有的矿物（如铜蓝）具消毒杀菌作用。

（4）改善肠胃功能，促进动物发育。如饲料中加入10%沸石粉，可使猪增重20%；沸石具净水富氧功能，用于养鱼可提高鱼产量10%；加石灰粉喂禽类，可提高产蛋率。

（5）载体功能。载体是指能负载各种粉、液和活性组分的物质。用作载体的矿物必须具有较好的吸附性和抗胶凝作用，无毒，化学惰性好，可用作营养和非营养组分的载体。

（6）作添加剂。用作饲料的添加剂有利于饲料的加工、运输、储存等。

（7）作净化剂。可改善饲养环境，减少臭气、污水的排放。

选用饲料矿物的基本条件：必须是长期使用不对动物产生毒害或其他不良影响，也不影响人体健康，不影响饲料的适口性，不降低饲料其他组分的效价，在饲料中和动物体内均有较好的稳定性，同时易溶于水，能被动物消化吸收，对营养效益有明显提高，经济效益显著，易于加工，资源量有保障的矿物。

常用的饲料矿物：目前已用于饲料中的矿物有近30种，主要是碳酸钙类矿物（如方解石、贝壳、白垩等），要求烘干后含水0.5%，$Pb<1\times10^{-6}$，$As<5\times10^{-7}$，$Hg<1\times10^{-7}$，$Mg<0.5\%$；磷类矿物（磷灰石等），要求含$F<1\%$，经处理后F低于P含量1%者称为脱F磷酸盐，未经脱F处理的产品不得用作牛、猪、羊饲料；食盐，用于饲料的食盐纯度应大于95%，细度100%通过0.47 mm筛孔，含水量$<0.5\%$，可加入少量SiO_2（总量应小于1.5%）防止结块；含镁矿物（如方镁石、硫酸镁、磷酸镁、菱镁矿、水镁石和白云石等），饲用12天以内，用量小于19%，饲用40天以内，用量限制在5%以内，要求矿物中$As<3\times10^{-6}$，$Pb<1\times10^{-5}$；其他矿物还有沸石、海泡石、高岭石、膨润土、麦饭石、石英、海绿石等，可作载体、稀释剂、抗结块剂和制粒剂。

4.4.3 农药用矿物

用于农药药剂方面的矿物：这类矿物必须对生物具有毒性作用，具触杀性，多以吸入性方式发挥毒效。可用作杀菌剂、杀虫剂。用作杀菌剂矿物主要有碳酸铜、硫酸铜、硫黄、石灰硫黄合剂等；用作杀虫剂的矿物有砒霜、海泡石等。海泡石属物理性毒剂，这类矿物可磨破昆虫的角质膜，并吸收细胞中的类脂和水分，使昆虫很快死亡。

农药原料用矿物：含Cl、F、P、As、Pb、Hg等毒性元素的矿物都可作为制备有机、无机农药的原料。如萤石作氟素剂，含磷矿物可作无机磷农药的原料。

农药载体用矿物：这类矿物是针对目前开发的高效、低毒、用量少、易分解、无残留、不污染环境的第三代农药而开发出来的。原因是这种农药的稳定性差、易水解。因此，采用矿物载体控制其药效的正常发挥，防止污染和失效。常用的农药载体矿物有海泡石、坡缕石、蒙脱石、滑石、高岭石、硅藻土等。

4.4.4 土壤改良矿物

通过对土壤施加某些矿物，使土壤符合植物生长、发育所必需的水分、养分等条件即为土壤改良矿物。土壤改良矿物可分为改善土壤结构的矿物、改善土壤保水性矿物、提高土壤阳离子交换容量的矿物、调节土壤 pH 值和消除土壤毒素等有害成分的矿物。

改善土壤结构的矿物，黏土矿物、蛭石、沸石及砾石、碎石、珍珠岩等多孔性矿物和岩石，可用作土层的底层，有利于土壤储存并释放养分、水分、增加土壤透气性，提高土壤活性。

改善土壤的保水性，增强作物抗干旱的能力，黏土矿物具堵漏性质，并可吸附水分，减少土层中的侧向渗漏和地下径流，降低水分蒸发量，使土层中的水分多以吸湿水、膜状水、毛细管水形式储存，提高了水的有效量。

增大土壤的阳离子交换容量，从而改善土壤保肥、供肥的有效性。

调节土壤的 pH 值，克服土壤过酸、过碱及板结问题。如石灰、水镁石、蛇纹石、橄榄石等可中和酸性土壤；石膏、铁矾、铜矾等可中和碱性土壤。

吸附毒性和有害物质，如沸石、海泡石等可降低粮食作物和蔬菜中的有害物质的含量，还具有防止农作物根系发黑腐烂等作用。

4.5 药用矿物材料

在我国，矿物在医药上应用具有悠久的历史，在中医学中占有重要地位。李时珍的《本草纲目》收录矿物药达 375 种，占全部收录药种的 19.8%，赵学敏的《本草纲目拾遗》收录了 2000 多种药，其中矿物药为 413 种。我国中医学对矿物药的研究和应用作出了突出贡献。

根据矿物在医学上的作用形式与效果，药用矿物可分为药材矿物、药用助剂矿物和保健矿物三类。

4.5.1 药材矿物

药材矿物是指具有药用价值和疗效，可直接作药剂原料用的矿物。表 4-5 列出各种药材矿物的简单情况。

表 4-5 矿物药分类及其功能

分类	矿物	药名	功能（主治）
自然元素	金	黄牙，太真	风眼红烂，风火牙痛
	银	白金	妊妇腰痛，胎动欲坠，风火牙痛
	铜	石猪铅	心气痛，暑湿瘫痪，骨折
	汞	水银，灵液	杀虫，攻毒
	硫	石硫磺	壮阳，杀虫
硫化物	雄黄	黄金石，石黄	燥湿，祛风，杀虫，解毒
	雌黄	黄安	燥湿，杀虫，解毒
	方铅矿	铅，黑铅	祛痰，杀虫，解毒
	辰砂	丹砂，朱砂	安神，定惊，明目，解毒
	毒砂	青分石，立制粉	消冷积，祛寒湿，蚀恶肉，杀虫
	斑铜矿	紫铜矿	镇心利肺，降气祛痰

续表 4-5

分类	矿物	药名	功能（主治）
氧化物	玛瑙	文石	主辟恶
	砷华	砒石，砒霜	祛痰，截疟，杀虫
	褐铁矿	禹余粮，白余粮	涩肠止血
	赤铁矿	代赭石	平肝镇逆，凉血止血
	磁铁矿	慈石，玄石	潜阳纳气，镇惊安神
	软锰矿	无名异，土子	祛痰止痛，消肿生肌
	石英	白石英	温肺肾，安心神，利尿
	锡石	锡	恶毒风疮
	密陀僧	炉底	消肿杀虫，收敛防腐，祛痰镇惊
	铅丹	黄丹，丹粉	解毒生肌，祛痰镇惊
卤化物	岩盐	光明盐（土层中）	祛风明目
		胡盐（盐湖中）	凉血，明目
		食盐（海、井、池、泉中）	涌吐，清火，凉血，解毒
	氯铜矿	绿盐，石绿	赤目昏暗，泪多
	光卤石	卤碱，卤盐	大骨节病，甲状腺肿，高血压
	萤石	紫石英	镇心安神，降逆气，暖子宫
碳酸盐	方解石	白垩	温中，涩肠，止血，敛疮
		黄石	黄疸，通血脉
		石钟乳	温肺气，壮元阳，下乳汁
		花芯石	化瘀止血
	菱锌矿	炉甘石	风热赤眼，湿疮，止血
	蓝铜矿	扁青，石青（板柱状）	祛痰，催吐，破积，明目
		曾青，层青（被膜状）	明目，镇惊，杀虫
		空青，杨梅青（球状或中空状）	明目，利窍
	孔雀石	绿青，石绿	痰迷惊痫，疳疮
	水白铅矿	铅粉	消积，杀虫，解毒，生肌
硫酸盐	硬石膏	长石，方石	主治身热，四肢寒厥，利尿
	纤维石膏	理石，立制石	清热，除烦，止渴
	石膏	寒水石，细理石	解肌清热，除烦止渴，敛疮
	钙芒硝	玄精石，阴精石	滋阴，降火，软坚
	水绿矾	绿矾，皂矾	燥湿化痰，消积杀虫，止血补血
	明矾石	矾石，白矾	消痰，燥湿，止泻
	芒硝	朴硝，盆硝	泻热，润燥，软坚
	胆矾	石胆，黑石	催吐，祛痰，解毒

续表 4-5

分　类	矿物	药　名	功能（主治）
硅酸盐	水云母	金精石	镇惊安神
	多水高岭石	赤石脂，赤符	涩肠，止血，吸湿，生肌
	高岭石	白石脂，白符	涩肠止血
	蒙脱石	甘土	消菌霉
	阳起石（石棉）	白石	强壮，收敛
	滑石	画石，液石	清热，渗湿，利窍
	白云母	云华，云珠	纳气豁痰，止血敛疮
	角闪石	不灰土，无灰土	清热，除烦，利尿
其他	硝石	芒硝，火硝	破坚散积，利尿泻下，解毒消肿
	硼砂	盆砂，蓬砂	清热消痰，解毒防腐

4.5.2　药用助剂矿物

药用助剂矿物是指用于药品生产中起配制作用的矿物材料，它们的基本作用有：

（1）赋形剂。这类矿物在药品生产中起定形（片）作用，如蒙脱石、镁铝硅酸盐等常用作药片生产的成型剂。

（2）吸附剂。具有吸附性的矿物颗粒，可作为药品的吸附剂，如镁铝硅酸盐、高岭石常可用作吸附剂。

（3）稀释剂。对药剂的浓度进行稀释的矿物，如高岭石、石膏、磷灰石等常用作稀释剂。

（4）药衣薄膜。添加于药衣中的矿物，矿物在药衣中起着色、增白作用，有的也起润滑作用。常用的有碳酸盐、滑石、金红石等。

此外，一些矿物还可作药剂的悬浮剂、稳定剂、黏结剂等。药用助剂矿物的纯度要求很高，其重金属和毒素的含量必须严格限制，微生物含量也有严格限制。

4.5.3　保健矿物

保健矿物是指可预防疾病，增强人的体质，具营养和补益作用的矿物（岩石）。如麦饭石为一种花岗质的浅成岩类，包括石英二长岩、石英闪长斑岩、花岗斑岩、黑云母二长花岗岩等，麦饭石外观较粗，具斑状或花岗状结构，以半风化型者效果最佳。麦饭石具强吸附性，可吸附一些重金属元素、放射性元素、水中的有害物质及致病细菌；同时还具有溶解性，能够溶解出 Zn、Mn、Sr、Li、Mo、Si、B 等多种微量元素，因而可使普通水成为人工矿泉水。经现代医学证明，麦饭石具有调节人体新陈代谢，促进血液循环，增强血管弹性和毛细血管伸缩及消炎、解毒、利尿，帮助消化等多种功能。对治疗高血压、血管硬化、风湿疼痛、脚气皮癣、胃炎胃痛、防治癌症等均有一定作用。

磁铁矿可益肾补血；钟乳石化痰平喘，入肾壮阳，用于五劳损伤；赤石脂壮筋骨，明目益精；许多含 Fe、Cu 元素的矿物都有补气、养肾、益脾、安五脏等功能。

4.6 环保矿物材料

关于环境的概念，联合国环境规划委员会认为“包括自然环境（大气、水、土壤、地表生物圈等）和社会环境（工业、城市、交通、房屋等）两部分”。环境保护是研究生物圈因自然原因及人工变化对人类和生物产生的直接或间接的危害问题，以及维护生态平衡，防止“三废”污染，正确、合理地利用自然资源的途径、方法和技术。目前，环境保护已成为全人类关注的重大课题。环境科学已成为当代十分重要的学科，环境与矿物的关系也是环境科学研究的课题之一，第29届国际地质大会（1992年）明确提出环境矿物学这一学科。环保用矿物材料是指能够净化环境、防止或排除污染，有助于人类健康及生态平衡的矿物及岩石的统称。

4.6.1 治理大气污染的矿物材料

有害气体多为酸酐，大部分能溶于水，可用呈碱性的矿物与之发生中和反应，从而吸收酸酐，达到清除废气的目的。这类矿物有石灰石、方解石、生石灰、方镁石、水镁石等均属此类。如日本用方镁石、水镁石吸收 SO_2、SO_3 废气：

$$MgO + SO_2 \xlongequal{} MgSO_3$$

$$Mg(OH)_2 + SO_2 \xlongequal{} MgSO_3 + H_2O$$

$$Mg(OH)_2 + SO_3 \xlongequal{} MgSO_4 + H_2O$$

石灰石和生石灰可进行烟道干法脱硫，在 $T = 820 \sim 1370$ ℃下，用粒度为 0.1 ~ 2 mm 的石灰石或生石灰对 SO_2 0.1% ~ 1%（体积百分比）的烟气作脱硫处理，停留时间为 30 s 至 6 h，石灰石、生石灰对废气的吸收容量可达 50%。

石盐添加进煤和石灰石的沸腾炉内可降低有害气体的生成量。黏土矿物、沸石以及改型后的多孔状物质可作有害气体的吸附剂。

4.6.2 治理水污染的矿物材料

水是可以反复使用的重要资源，但水的污染已十分严重。国外城市生活废水已达 600 升/(天·人)；水资源危机已日益突出。我国水资源量为 28000 亿立方米，其中地下水为 8000 亿立方米，居世界第六位，但人均占水量居世界第 88 位，全国每天缺水 2000 万吨。所以，对废水和污水进行净化处理是充分利用水资源的重要途径。用矿物材料处理废水的主要方法有过滤、中和、沉淀、离子交换、吸附等。处理后水中所含的杂质应达到国家规定的排放标准。

（1）过滤用矿物材料。凡在水中稳定，即不溶解、不电离、不与水发生反应、并保持中性的矿物均可作过滤材料。常用的有石英、尖晶石、石榴石、多孔 SiO_2、硅藻土等，板柱状矿物和片状矿物不宜单独作过滤用矿物材料。

（2）控制水体 pH 值的矿物。能与水体中的 H^+ 或 OH^- 发生反应并消耗之的矿物，可起到调节水体 pH 值的作用。常用的这类矿物有方解石、白云石、生石灰、石灰乳、水镁石、方镁石、橄榄石、蛇纹石、长石等矿物可处理酸性水。石英等酸性矿物可处理碱性水。

(3) 利用矿物材料的其他性质处理污水。利用矿物的荷电性，与水体中具异号电荷的污染物作用产生凝聚，消除污染。如明矾、绿矾、苏打、生石灰、三水铝石、高岭石、蒙脱石等均具有这种作用。膨润土对清除有机碳效果很好；沸石、蒙脱石、石墨、蛭石、伊利石、绿泥石、高岭石、凹凸棒石、坡缕石、海泡石等具有良好的吸附性和离子交换性，可用于清除废水中的 NH^{4+}、$H_2PO_4^-$、HPO_4^{2-}、PO_4^{3-} 和重金属离子 Hg^{2+}、Cd^{2+}、Pb^{2+}、Cr^{3+}、As^{3+}、Ni^{2+} 等。海泡石处理含 Ni^{2+} 废水，对 Ni^{2+} 的清除率可达 85%~96%，优于活性炭吸附剂，且易于再生；凹凸棒石作吸附剂处理印染厂污水，对 Cr 系有机染料的脱除率和脱色率分别可达 84% 和 95%。软锰矿可用于处理酸性含 As 废水。磁铁矿可去除废水中的颜色、悬浮物和铁、铝等。硫铁矿粉可处理含 Hg 废水。磁黄铁矿可清除 Cu^{2+}、Cd^{2+}、Pb^{2+}、As^{3+}、As^{5+}、Cr^{6+} 等，效果可达 98%，符合饮用水标准。海泡石可清除钻井泥浆中的 Pb^{2+}。

4.6.3 处理放射性污染的矿物材料

石棉、玻璃纤维、人造有机纤维，以及某些高吸气性矿物可用于吸附、过滤放射性气体和空气中具放射性的尘埃；沸石等可净化被放射性物质污染的水体；软锰矿对放射性元素也有强的吸附作用。

矿物固化法是处理放射性废渣的最有效办法，“固化”包括对放射性元素的永久性吸附、包裹或经反应生成安全性固体物质。如硼砂、磷灰石、石英混合物在 1000 ℃以上熔化后，可制成耐辐射的稳定玻璃体，这种玻璃体可取代过去使用的水泥（抗水性差、易于浸出放射性物质）和沥青（易老化而造成泄漏），固化放射性废物。

4.7 研磨矿物材料

研磨矿物材料也称为磨料，它是起磨削、磨平或抛光作用的粒状、粉状物质，分为天然磨料和人工磨料两大类。天然磨料主要为各种用于研磨的矿物材料。

研磨矿物材料必须具备的性质：

(1) 一定的硬度。用于研磨的矿物材料的硬度必须要比待加工的物体的硬度更高，才能使其产生磨削作用。

(2) 一定的韧性和自锐性。在磨削过程中，磨粒承受着抗压、抗折、抗冲击等应力的作用，如抗破碎性差，磨粒很快破碎，难于产生有效的磨削作用，但如果磨粒变钝后因为不破碎，不能出现新刃，则光滑的磨粒与工件表面摩擦产生高温，使磨削无法继续进行。因此，要求磨粒在磨钝前不发生破碎，而磨钝后又能自行破碎成棱角状，产生新的锋利刀刃，这就是磨粒的自锐性。

(3) 耐高温性。磨削过程中通常产生大量的热量，局部可达很高的温度。因此，磨料矿物应具有一定的耐高温性和热稳定性。

(4) 化学稳定性。磨料矿物应不与工件产生化学反应，否则，易造成黏附和扩散作用，致使降低或丧失其切削性能。

(5) 磨料矿物应便于加工成一定的颗粒形状。常用的研磨矿物材料：金刚石、刚玉、石英等。

4.8 宝玉石矿物材料

4.8.1 概述

宝石是指那些颜色绚丽、光彩夺目、质地坚硬耐久，且具有观赏、收藏价值、稀少的矿物和岩石。宝石的价值取决于本身绚丽、耐久和稀少的程度，也与民族习俗爱好和传统心理有关。绚丽是宝石的首要条件，同样是刚玉（Al_2O_3），有的是珍贵的红宝石，有的只能用于工业。质地坚硬耐久是宝石的必要条件，一般宝石的硬度要大于7，如萤石虽然具有良好的透明度和紫、绿色彩，但硬度（4）较小，解理发育，所以不能作为宝石。物以稀为贵，稀少也是决定宝石价值的一个重要因素。民族习惯和传统心理，更为宝石的价值带来重要的影响。人工合成的宝石不论其物性与天然宝石多么一致，但其价值却远远低于天然宝石，这不能不说是与人们的传统心理有关。

自然界发现约3000种矿物，能用作宝石的100余种，其中主要的宝石矿物只有20种左右。通常将宝石分为宝石和玉石两大类。宝石主要是指单晶体矿物，玉石多为矿物集合体和岩石。按宝石的属性又可分为无机宝石和有机宝石，绝大多数的矿物宝石属于无机宝石，有机宝石如琥珀。按形成条件宝石又可分为天然宝石和人造宝石两种。

4.8.2 宝石的光学特征

4.8.2.1 颜色

颜色是决定宝石价值的重要因素，宝石的颜色除黑、灰、白以外，其颜色分为红、橙、黄、绿、蓝、紫等六种基本颜色，在各基本颜色之间，又形成了各种过渡颜色，每种颜色又有深浅之分。此外，在宝石的描述中，还应用“鸽血红”“石榴红”“苹果绿”“树叶绿”等术语。“变色”是指宝石在不同光源的照射下，显示不同颜色的现象。如“变石”在阳光下呈翠绿色，在灯光下却变为紫红色，故又称为“紫翠玉”。蓝宝石、绿柱石等也有类似的变色现象。这是由于不同光源所含的各色光的成分不同而形成的，如阳光中以蓝绿色为主，灯光中以红色为主。

4.8.2.2 折射率和色散

宝石的折射率（n）为：

$$n=\frac{v_0}{v}=\frac{\sin\gamma}{\sin\alpha} \tag{4-1}$$

式中 v_0——光在空气中的传播速度；

v——光在宝石中的传播速度；

γ——光由空气射入宝石的入射角；

α——光在宝石中折射时的折射角。

由于宝石相对于空气为密介质，所以 $v_0>v$，即 $n>1$。折射率是鉴定宝石的重要依据之一。

色散是指宝石将可见光分解为单色光的能力。正是色散作用使许多的宝石在白色光照下显示出五颜六色，光彩夺目。

4.8.2.3 猫眼效应

对一些具有平行纤维构造或平行针状构造的包裹体宝石，当将宝石沿垂直这种平行构造加工成凸面时，光照其上将产生一条很狭窄的反射光带，犹如猫眼（图4-3），所以称为猫眼效应。最典型的代表是金绿宝石，也称为猫眼石。此外，已知有二十余种宝石在某些条件下可能出现猫眼效应，如海蓝宝石猫眼、蛇纹石猫眼、矽线石猫眼、硅灰石猫眼、孔雀石猫眼、石英猫眼等。石英猫眼的棕黄色品种称为“虎眼石”，蓝色品种称为“鹰眼石”。

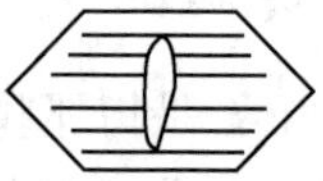

图4-3 猫眼效应

4.8.2.4 星彩效应

宝石呈现出四条或六条星光的现象，称为星彩效应或星光效应。转动宝石，星光也会游动。最常出现星彩的宝石是红宝石和蓝宝石。其他还有绿柱石、石榴石、石英、金绿宝石等十多种宝石。

4.8.2.5 变彩

宝石的某种内部结构对光产生干涉而出现的彩色，这种彩色可随宝石的转动而变换，所以称为变彩。如蛋白石内部具有球状结构，可产生变彩效应；拉长石具有薄片状结构，使光产生干涉而出现“拉长石光彩”。

4.8.2.6 乳光和月光

由于宝石内部的细小结构使光产生散射作用，从而在弧形面上显示出柔和的白色光，如蛋白石的“乳光”，月光石（钠长石）的“月光”。

4.8.3 宝石的瑕疵

瑕疵是指宝石外部或内部存在的缺陷，如裂纹、结疤或不纯的混入物等。关于瑕疵有如下的术语：

（1）绵柳（绵文）。系宝石晶体中的细小纹路，其形态或细如丝，或薄如蝉翼，或团如棉絮，它们可能是外力作用的结果，也可能是由于包裹体所致。

（2）脏点。系指因含杂质而出现的斑点或结疤。

瑕疵影响宝石的质量，如钻石的鉴定中把瑕疵分为无瑕、极微瑕、微瑕（一花）、小瑕（二花）、一级瑕（三花）、二级瑕（大花）、三级瑕（大花）等七级。此外，瑕疵还可以作为宝石鉴定的标志，用于区别宝石的产地、天然或人造（瑕疵少）宝石等。

4.8.4 宝石颜色的优化

对一些天然宝石可采用人工技术进行改色处理，以优化宝石的颜色。宝石改色的方法主要有：

（1）热处理。通过加热、氧化还原作用，使色素离子改变价态，实现宝石变色。如通过加热，使含二价铁的灰色、褐色玛瑙转变成三价铁的红色玛瑙；通过高温炉热处理，可使蓝宝石、碧玺改色等。

（2）染色。主要用于有孔隙的宝石改色。将宝石浸入溶液中再加热使之染色。如用硝酸铁溶液使玛瑙染色；用盐酸加热使宝石染成橙黄色等。

（3）放射性辐射。通过放射性辐射可使某些宝石改色。如使石英成为紫色。

对于宝石的改色是目前正在深入研究探索的重要课题，研究宝石改色的效果、持久性和放射性处理后的有害性等。不同形状、不同产地的宝石，所含杂质也不同，改色的方法或具体工艺也有所不同，必须针对不同的情况进行具体处理。

4.8.5 人造宝石

人造宝石的主要生产方法有焰熔法、提拉法、结晶法、热液法和静压法等。

焰熔法合成刚玉：原料为 $\gamma\text{-}Al_2O_3$ 粉，将原料在料斗内与氧气混合后经喷嘴喷出，氧气流与点燃的氢气混合形成氢氧烟，粉料在通过氢氧烟的高温区时熔化，熔体滴在托柱上凝固结晶，获得刚玉结晶体。用这种方法成功的合成了红宝石、蓝宝石、尖晶石、金红石、钛酸锶等。

提拉法：是从熔体中直接拉出单晶的方法。用这种方法已制成了白钨矿、钇铝石榴石、红宝石和祖母绿等。

结晶法：将宝石原料置于坩埚中熔化，再慢慢冷却结晶。用这种方法已合成了白钨矿、萤石等。

热液法：这是在高压釜内，从热水溶液中生长晶体，使用这种方法已合成了水晶、红宝石、祖母绿等。

静压法：这是在高温高压下合成金刚石。由于合成的晶体颗粒较小，一般用于工业生产中。

几种主要的人造宝石：

红宝石和蓝宝石：用焰熔法、水热法和熔盐法合成，以氧化铝为主要原料，添加一种或几种氧化物制成，如添加 1%～2% 氧化铬获得红色，加入 2% 氧化铁和 1% 氧化钛获得蓝色，加入钴、镁、锌和钡的氧化物获得绿色等。

金红石：用焰熔法合成。具有高折射率、高色散，有蓝、绿、黄和橙色，以淡黄色者作为钻石赝品。

钛酸锶：成分为 $SrTiO_3$，与天然钙钛矿 $CaTiO_3$ 同构，折射率与钻石接近，作为钻石赝品引人注目。缺点是硬度低（5～6）。

钇铝石榴石：最早用于激光材料，后被用于宝石业，是一种很好的钻石赝品，比合成金红石和钛酸锶更能耐久。

立方氧化锆：成分为 ZrO_2，1976 年出现的钻石赝品，晶体无色透明，加入某些元素，可获得橘红、黄、紫、墨、绿等颜色，为较好的合成宝石材料。

硼铝酸锶：主要是以硼铝酸盐为主体，稀土元素为激活剂，而合成的一种具有强磷光，发光稳定和发光时间长的夜光宝石。现已通过国家宝玉石的标准认证。

此外，还人工合成了钻石、石英、尖晶石、祖母绿等宝石。

4.9 矿物功能材料

功能材料是现代工程材料的重要组成部分，也是目前国际上竞争最激烈的领域之一。功能材料的发展往往与当代新技术的进展休戚相关，一种新的功能材料的开发常可带动一个新的技术领域的发展，产生巨大的技术经济效益。能够用作为功能材料的矿物称为矿物功能材料，所谓功能材料是指对光、电、磁、热、声、力、放射、湿度和气氛等外界能量（或物体）具有感知、转换、传输、显示和存储功能的材料。通常能够直接用作功能材料的天然矿物数量十分有限，实际使用的大多是人工合成矿物材料。表4-6列出主要的矿物功能材料，本节主要介绍矿物电学功能材料和矿物光学功能材料。

表4-6 主要的矿物功能材料

外界能量	光	热	电	磁	声	力
电	红锑矿、辉锑矿	方铅矿、钛酸钡	金红石、磷灰石、金刚石、黄铁矿、蒙脱石		电气石	石英
光	红宝石、方解石、金红石、淡红银矿、钾盐、萤石	氟镁石、萤石、石盐	钒钇矿、闪锌矿、硫镉矿、硅锌矿、氟磷灰石、辰砂	钇铝石榴石	彩钼铅矿石英	萤石
磁			磁铁矿	赤铁矿		
声			电气石、钛酸钡			
热		金刚石				

4.9.1 矿物电学功能材料

能够把光、热、电、磁、声、力等外场信息转变为电信号的矿物材料称为矿物电学功能材料。

（1）光电转换材料。光电转换材料是指能够将光信号转变为电信号的材料，包括能量转换和信息转换两类。能量转换材料目前主要用于太阳能转换成电能，这类矿物材料有金红石、赤铁矿、硫镉矿等。信息转换材料是指能够将各种信息转换成电信号的材料，其中与矿物材料有关的主要是光电导摄像材料，如辉锑矿用于摄像管靶面，红锑矿用于卫星摄像光靶面等。

（2）红外探测材料。红外探测材料是指用于红外线探测中的材料，方铅矿是近红外的主要光电变换材料，钙钛型矿物用于中红外波段作热释电性材料，主要用于卫星探测、军事侦察、火灾报警等领域。

（3）介电材料。介电材料是指能起电介质作用的材料，传统的介电矿物材料有白云母、金云母、锆石、莫来石、滑石、刚玉、石棉等。集成电路上使用 SiO_2、Al_2O_3、BeO 等矿物材料。近年来研究了金红石微波基片材料。

（4）半导体材料。半导体材料是指具有半导体性质的矿物材料。半导体性能的发现源于对矿物的研究，19世纪中陆续在辉银矿、方铅矿、黄铁矿和赤铜矿等矿物中发现了半导体性质。20世纪又发现了 Ce、Si 和 GaAs 等半导体材料。当前，金刚石半导体材料发展迅速，其潜力巨大，可能成为21世纪的重要半导体材料。

（5）导电材料。导电材料是指具有优良导电性的材料，用作导电材料的矿物主要有石墨、辉钼矿，可用作导电电极和导电润滑材料；锡石用作导电薄膜材料，红锌矿用于无触点开关、雷电短路器等。

（6）压电材料。压电材料是指具有压电性质的材料，包括石英、酒石酸盐、钙钛矿、硫镉矿、红锌矿等矿物材料。其中石英是最为常用的压电矿物材料。

（7）声电材料。声电材料是指能够将声音信号转变为电信号的矿物材料，如电气石用作声呐元件。

（8）电池材料。电池材料是指能够用于电池中起导电作用的矿物材料，如天然黄铁矿用作 LiSi/FeS_2 热电池的正极材料；蒙脱石用于快离子导电型电池材料。

4.9.2 矿物光学功能材料

（1）透射材料。透射材料是指能够让光线穿过的矿物材料，目前最重要的透射材料是 SiO_2 光导纤维，已广泛应用于通信领域。此外，还有透光导电材料 SnO_2，红外透过材料萤石、石盐、氟镁石等；选择性透过材料闪锌矿和金红石；光透过变化材料含银化合物等。

（2）发光材料。发光材料是指受到激发时能发光的矿物材料。如白钨矿和萤石在紫外线照射下能发出荧光。

（3）激光发射材料。激光发射材料是指用于激光发射中的矿物材料，最常用的激光发射材料是红宝石。近年还陆续开发了刚玉、萤石、石榴石、白钨矿等激光发射材料。

（4）电光材料。在外电场的作用下，矿物晶体的折射率发生变化的性质称为矿物材料的电光效应。具有电光效应的材料，称为电光材料。最主要的矿物电光材料有闪锌矿和硫镉矿等。

（5）磁光材料。晶体中的磁光效应有 Faraday 效应：光束平行磁场方向传播时产生偏振面的旋转；Kerr 磁光效应：偏振光入射磁体，其反射光的偏振面发生旋转；Zeeman 效应：处在磁场内的光源所发生的光，其单一谱线将分为数个谱线；Cotton-Moutton 效应：光束垂直于磁场方向传播时，光的磁双折射现象。具有上述磁光效应的材料，称为磁光材料。最主要的磁光材料有石榴子石型矿物材料。

（6）声光材料。声和光分属于两种不同的振动形式。声是机械振动，光是电磁波。当光束通过有声波传播的晶体时，引起矿物晶体的折射率发生周期性变化的性质，称为声光效应。具有这种声光效应的材料称为声光材料，常用的矿物声光材料有彩钼铅矿（$PbMoO_4$）、黄碲矿（TeO_2）、石英玻璃等。

学习思考题

4-1 矿物保温材料是什么，如何分类？

4-2 简述矿物填料在塑料中的作用。

4-3 什么是猫眼效应？

4-4 简述矿物功能材料的定义及类型。

4-5 压电材料是指什么？

4-6 简述矿物光学功能材料有哪些。

4-7 环保用矿物材料是指什么？简述其分类。

4-8 人造宝石的主要生产方法有哪些？分别论述各方法原理及应用。

5 石墨材料

❖ 本章提要

本章全面介绍石墨的多种应用及其在现代工业与科技发展中的重要作用。首先，了解石墨的性质，阐述其矿石类型以及优良的物理化学性质。接着，通过对石墨在石墨坩埚、石墨层间化合物、氟化石墨和柔性石墨、胶体石墨、石墨烯等方面的探讨，我们将展望石墨的广阔应用前景。对石墨材料的应用进行全景式了解，从而更好地理解和把握这一重要材料在现代社会中的价值。

5.1 石墨的性质

5.1.1 石墨的矿石类型

石墨的化学成分为单质碳（C），石墨晶体是由大量碳原子组成的六角形网状层面规则堆积而成，在同一六角形网格层面中 C—C 键长为 1.42×10^{-10} m，相邻的层面距离为 3.354×10^{-10} m，所以层与层之间的结合力比同一层内碳原子的结合力小得多。同一层面中的 C—C 共价键的结合力可达 502.416 kJ/mol，而层与层之间的结合力仅为 83.736 kJ/mol。典型的石墨晶体构造如图 5-1 所示。自然界中的石墨常含有多种杂质，如 SiO_2、Al_2O_3、FeO、MgO、CaO、P_2O_5 和 CuO 等，杂质含量可达 10%~20%。

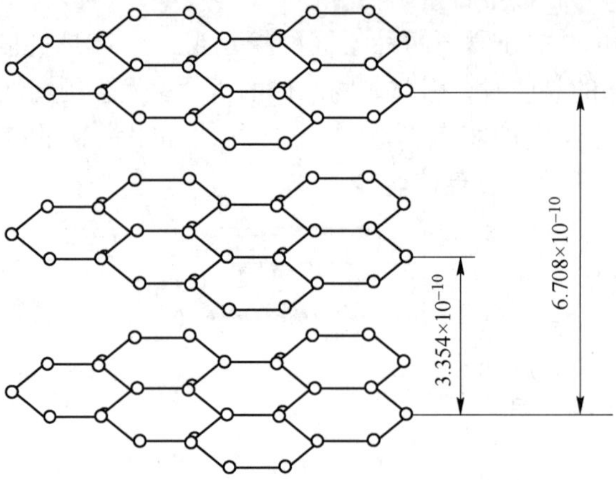

图 5-1　典型的石墨晶体构造

石墨矿物分为晶质（鳞片状或致密块状）石墨、鳞片石墨和隐晶质（土状）石墨三大类。

晶质石墨矿石结晶较好，晶体粒径大于 1 μm，一般为 0.05~1.5 mm，大者可达 5~

10 mm，多呈集合体，矿石品位较低，一般为3%~13.5%，伴生矿物有云母、长石、石英、透闪石、透辉石、石榴石和少量硫铁矿、方解石等。有时还伴生有金红石、钒云母等组分。鳞片状石墨经过加工后可提高品位，石墨产品根据其含碳量高低可分为高纯石墨、高碳石墨、中碳石墨和低碳石墨。鳞片状石墨产品的牌号依次由代号、粒度、含碳量组成，如LC50-9999指高纯石墨、粒度50目（0.282 mm）、含碳量99.99%。

石墨晶体呈鳞片状；这是在高强度的压力下变质而成的，有大鳞片和细鳞片之分。此类石墨矿石的特点是品位不高，一般在2%~3%，或100%~25%之间。是自然界中可浮性最好的矿石之一，经过多磨多选可得高品位石墨精矿。这类石墨的可浮性、润滑性、可塑性均比其他类型石墨优越。

隐晶质石墨晶体粒径小于1 μm，呈微晶集合体，具致密块状，土状及层状，页片状构造。矿石品位一般较高，达60%~80%，但可选性差，矿物成分以石墨为主，伴生有红柱石、水云母、绢云母及少量黄铁矿、电气石、褐铁矿、方解石等。隐晶质石墨根据其粒度大小分为无定形石墨粉和石墨粒。石墨粉分为0.149 mm、0.074 mm、0.044 mm三个粒级，用阿拉伯数字作代号；石墨粒分为粗粒（6~13 mm）、中粒（0.6~6 mm）、细粒（0.149~0.6 mm），分别用拼音字母C、Z、X为代号，特性代号为W，其中有含铁量要求者用WT，牌号依次由石墨特性代号、含碳量、粒级代号组成，如W80-1指无定形石墨粉，含碳量为80%，粒度为0.149 mm；又如W78-Z指石墨粒，含碳量为78%，粒度范围0.6~6 mm。

5.1.2 石墨的物理化学性质

5.1.2.1 氧化性

石墨的化学性质稳定，只有王水、铬酸、浓硫酸及浓硝酸对石墨有侵蚀作用，在强氧化条件下，氧能侵入石墨晶格，生成氧化石墨，也称为石墨酸，其化学成分为 $[C_6(OH)_3]$ 或 $[C_8O_4H_8]_n$。氧化石墨受热后不稳定，加热到150 ℃以上时，放出 CO_2、CO、O_2。若缓慢加热到850 ℃，又可以恢复到原来的性质，只是表层疏松已无法复原。另外，氧化石墨遇水后，晶格间能吸收水分子而膨胀，并产生胶凝化，经过滤后可得到胶体溶液，这种胶凝体可制成氧化石墨薄膜。石墨在500 ℃时开始氧化，700 ℃时水蒸气可对其产生侵蚀，900 ℃时 CO_2 也能对其产生侵蚀作用。石墨在不同温度下氧化损失1%及6%所需时间列于表5-1。

表5-1 石墨在不同温度下的氧化情况

材　料	温度/℃	损失1%所需时间/h	损失6%所需时间/h
高纯石墨	500	20	
高纯石墨	600	7	25
高纯石墨	700	0.6	1.8
普通石墨	500	6	
普通石墨	600	0.75	2.5
普通石墨	700	0.2	0.7

5.1.2.2 热学性质

石墨的导热性能超过了钢、铁、铝，且具有异常导热性，理想石墨晶体沿层面方向的热导率比垂直于层面方向的热导率大数倍到数十倍。石墨晶格中的各种缺陷对热导率有很大影响，一般晶格越完整，热导率越高。天然石墨的热导率比人造石墨的热导率高。石墨的热膨胀系数随着煅烧温度升高而下降，到1300 ℃时，石墨的热膨胀系数反而随温度升高而升高。石墨是目前最耐高温材料之一，石墨的熔点为3850 ℃，于4500 ℃气化，在7000 ℃的超高温电弧下加热10 s，其损失仅0.8%，同条件下刚玉为6.9%～13.7%，极耐高温的金属为12.9%；在2500 ℃时石墨的强度反而比室温下提高一倍。

5.1.2.3 电学性质

石墨的导电能力具有各向异性，在层面方向具有良好导电性，但在石墨晶格层与层之间（垂直于层面方向）的导电能力差得多，两者相差约1000倍，人造石墨的导电能力各向异性较小，这是因为人造石墨是多晶石墨，其晶体排列是杂乱的。石墨的导电能力随温度而变化，也随晶格的完善程度而变，石墨的晶格越完善，缺陷越少，石墨的导电能力越好。石墨的导电性约为一般非金属导电性的100倍，为碳素钢的2倍，铝的3～3.5倍。石墨晶体的电阻率随温度的升高而增加。

5.1.2.4 力学性质

石墨材料的强度随温度上升而提高，这是因为温度升高，石墨的塑性增强，使应力集中点附近产生局部变形，应力得到分散。对于多晶石墨材料存在各向异性。影响石墨材料强度的因素主要有：原料的颗粒强度越大，石墨材料的强度越大；原料细度越好，石墨材料的强度越好；原料煅烧不透，材料强度下降。

石墨的耐磨性很好，当石墨与金属相摩擦时，在金属的表面能形成石墨薄膜，从而保护了金属表面不被磨损，此外，石墨的高导热性能使石墨将产生的热迅速传走，使石墨内部及其摩擦面的温度得到平衡。表5-2为石墨对各种材料的摩擦系数。

表5-2 石墨对各种材料的摩擦系数

摩擦对象	试验温度/℃	气氛	摩擦系数 μ	
			静摩擦系数	动摩擦系数
石墨对石墨	25	空气	0.35	0.25
	2450	氦	0.65	0.40
高强石墨对高强石墨	25	空气	0.33	0.24
	2450	氦	0.70	0.248
高强石墨对光面抛光的钢	25	空气		0.35
炭黑对银	25	空气	0.31	
炭黑对金	25	空气	0.26	
炭黑对锌	25	空气	0.37	
炭黑对镍	25	空气	0.32	
炭黑对铜	25	空气	0.30	

5.1.3 石墨的用途

由于石墨有以上特有优良性能，在近代工业用途日益广泛。

（1）作耐火材料：石墨及其制品具有耐高温、高强度的性质，在冶金工业中主要用来制造石墨坩埚，在炼钢中常用石墨作钢锭之保护剂，冶金炉的内衬。

（2）作导电材料：在电气工业上用作制造电极、电刷、炭棒、碳管、水银整流器的正极，石墨垫圈、电话零件，电视机显像管的涂层等。

（3）作耐磨润滑材料：石墨在机械工业中常作为润滑剂。润滑油往往不能在高速、高温、高压的条件下使用，而石墨耐磨材料可以在200～2000 ℃温度中在很高的滑动速度下，不用润滑油工作。许多输送腐蚀介质的设备，广泛采用石墨材料制成活塞杯，密封圈和轴承，它们运转时无需加入润滑油。石墨乳也是许多金属加工（拔丝、拉管）时的良好润滑剂。

（4）石墨具有良好的化学稳定性。经过特殊加工的石墨，具有耐腐蚀、导热性好，渗透率低等特点，因此大量用于制作热交换器，反应槽、凝缩器、燃烧塔、吸收塔、冷却器、加热器、过滤器、泵设备。广泛应用于石油化工、湿法冶金、酸碱生产、合成纤维、造纸等工业部门，可节省大量的金属材料。

（5）作铸造、翻砂、压模及高温冶金材料：由于石墨的热膨胀系数小，而且能耐急冷急热的变化，可作为玻璃器的铸模，使用石墨后黑色金属得到铸件尺寸精确，表面光洁成品率高，不经加工或稍作加工就可使用，因而节省了大量金属。生产硬质合金等粉末冶金工艺，通常用石墨材料制成压模和烧结用的舟。单晶硅的晶体生长坩埚，区域精炼容器，支架夹具，感应加热器等都是用高纯石墨加工而成的。此外石墨还可作真空冶炼的石墨隔热板和底座，高温电阻炉炉管，棒、板、格栅等元件。

（6）用于原子能工业和国防工业：石墨具有良好的中子减速剂用于原子反应堆中，铀-石墨反应堆是目前应用较多的一种原子反应堆。作为动力用的原子能反应堆中的减速材料应当具有高熔点、稳定、耐腐蚀的性能，石墨完全可以满足上述要求。作为原子反应堆用的石墨纯度要求很高，杂质含量不应超过十万分之一。特别是其中硼含量应少于5×10^{-7}。在国防工业中还用石墨制造固体燃料火箭的喷嘴、导弹的鼻锥、宇宙航行设备的零件、隔热材料和防射线材料。

（7）石墨还能防止锅炉结垢，有关单位试验表明，在水中加入一定量的石墨粉（每吨水用4～5 g）能防止锅炉表面结垢。此外石墨涂在金属烟囱、屋顶、桥梁、管道上可以防腐防锈。

（8）石墨可作铅笔芯、颜料、抛光剂。石墨经过特殊加工以后，可以制作各种特殊材料用于有关工业部门。如不透性石墨，定向高密度石墨，石墨纤维布等。

5.2 石 墨 坩 埚

5.2.1 石墨坩埚的性质和用途

石墨坩埚是以结晶形天然大鳞片石墨为主要原料，可塑性耐火黏土或炭质作为黏合剂，经与不同类型的优质碳化硅、硅石配合加工而成，它具有良好的导热性。在高温条件下，使用热膨胀系数小，对急热、急冷有一定抗应变性能。对酸、碱性溶液的抗腐蚀性较强，化学稳定性好。

石墨坩埚具有良好的热导性和耐高温性，在高温使用过程中，热膨胀系数小，对急热、急冷具有一定抗应变性能。对酸、碱性溶液的抗腐蚀性较强，具有优良的化学稳定性。石墨坩埚，因具有以上优良的性能，所以在冶金、铸造、机械、化工等工业部门，被广泛用于合金工具钢的冶炼和有色金属及其合金的熔炼，并有着较好的技术经济效果。国产石墨坩埚的生产已经达到甚至超过进口坩埚，特别是长三角地区最大的石墨坩埚生产企业，津大坩埚厂生产的石墨坩埚，作为代表的国产坩埚具有以下特点：（1）石墨坩埚高的密度使得坩埚具备了最好的导热性能，其导热效果明显优于其他进口坩埚；（2）石墨坩埚外表有特制的釉层和致密的成型材料，大大提高了产品的耐腐蚀性能，延长其使用寿命；（3）石墨坩埚中的石墨成分全部采用天然石墨，导热性非常好。石墨坩埚加热后不可立刻将其置于冷的金属桌面上，以避免它因急剧冷却而破裂。多种类少数量的合金熔解最适合使用坩埚。要想改变合金的种类时，只需要交换石墨坩埚即可。其他的熔解方法像反射炉和非坩埚式感应炉进行熔解时，适合于单一合金的大量熔解，如果变换熔解合金种类时，如果不更换内衬的耐火材料，会发生金属污染。

5.2.2 原料及配比

目前国内石墨坩埚生产工艺有两种：塑性成型生产工艺和压制成型生产工艺。以黏土为黏结剂的塑性成型工艺生产周期长，劳动强度大，工效低，用煤烧成，污染大，但因投资少，国内多采用此工艺；而等静压设备压制成型工艺若用清洁能源天然气烧结，则从根本上解决了污染问题，且减少生产工序近10道，周期短，工效高。

生产石墨坩埚的主要原料为石墨、碳化硅、硅石、耐火黏土，沥青和焦油等。

黏结剂为沥青和焦油。

碳化硅、硅石等在石墨坩埚生产中，起着筋骨和调节内应力收缩的作用，碳化硅可提高坩埚密度、机械强度和耐火度。

生产石墨坩埚的配方如表5-3和表5-4所示。

表5-3 石墨坩埚的配方

材料	石墨	软质黏土	硬质黏土	石英砂	蜡石
粒度/目	50～80	200	200	20～40	20～40
含量/%	45～50	23～25	8～10	5	10～12

注：20目、40目、50目、80目、200目分别为0.833 mm、0.63 mm、0.3 mm、0.175 mm、0.074 mm。

表5-4 普通型熔铜坩埚的几种配方

成型方法	原料配比/%						外加硼砂/%
	石墨	硅石	碳化硅	硅铁	高岭土	洋矸土	
旋塑	50	5			22	23	1
旋塑	48	5			24	23	1

续表 5-4

成型方法	原料配比/%						外加硼砂/%
	石墨	硅石	碳化硅	硅铁	高岭土	洋矸土	
压塑	43		24	7	26		
压塑	45		20	9	26		6

注：旋塑成型配料外加 19%~21% 水；压塑成型配料外加 10%~12% 水。

5.2.3 石墨坩埚的生产工艺

5.2.3.1 可塑成型生产工艺

可塑成型生产工艺流程如图 5-2 所示。整个工艺可分为原料准备、坯料制备、旋塑成型、烘干、烧结等后续阶段。

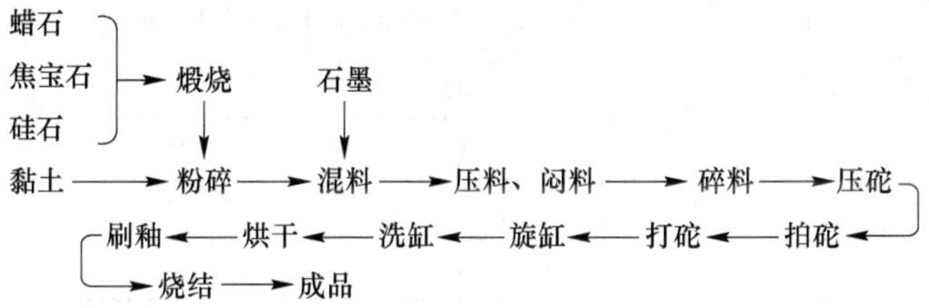

图 5-2 可塑成型工艺流程示意图

（1）原料准备，即配料阶段。这个阶段包括原料到混料作业。

煅烧：硅石、蜡石和焦宝石等矿物在 1250 ℃下煅烧成为熟料。

粉碎：煅烧后的物料和黏土需进行粉碎，并进行除铁。

混料：将各种原料按一定比例配好后置于搅拌机中混匀 10 min，放入 20% 水，再搅拌 30 min，使物料完全混匀。

（2）坯料制备，包括压料至打砣等作业。

压料、闷料：用混砂机经石辊轮压，促进黏土胶体颗粒充分分散，增强黏土与其他物料的结合，提高泥料的可塑性，这种压好后的物料，放入不通风的室内，保持一定的温度和湿度，最好是阴暗的房间，闷放 15 天，定时喷水，使泥料发酵，提高可塑性。

碎料：闷料后的泥料用碎料机打成 10~20 mm 碎块。

压砣：经打碎的泥料用压砣机压成圆柱体，置于操作台切去上下两端和未压完部分，应注意砣子中心不能有空洞或松软部分。

拍砣：目的是增强密度，促使泥料结合完好。

打砣：将泥料置于模具内，并紧固好，先以木槌（内注铅）把泥料打实后，再行打窝，随着打窝泥料上升，石墨鳞片也逐步从横向排列向纵向竖起，可提高坩埚的导热性，然后将上口打实，打好的砣要比坩埚规定厚度大 20~30 mm，以给旋塑挤压留有余地，打砣目的一是增加坯料密度，二是初步形成坩埚形态便于塑造成型。

（3）旋塑成型，在旋缸机上完成，获得半成品坩埚。

（4）烘干、烧结等后续阶段。

洗缸：利用抹子、毛刷和泥浆对坩埚外部、底部和口部等的毛边进行人工修整。

烘干：分低温、中温和高温三个阶段。低温一般为30~50 ℃，高温大于50 ℃，坩埚烘干时，要经常调换位置，以使坩埚受热均匀，防止受热不匀产生裂纹，烘干后水分应低于2%，300号以上大型坩埚允许含水3%。

刷釉：用于坩埚的釉为一种低熔点化合物，作用是防止坩埚在高温烧结时发生氧化，表5-5和表5-6分别是几种釉料配方和配制方法。釉料制备时按比例配好，混匀后置于坩埚中盖好，在炉中加热至1300 ℃左右熔融，保持1~2 h，待完全无固体时为止，倒出冷却并水淬，熔化好的釉料呈半透明玻璃体，颜色以棕黄、棕褐、黄绿为佳，经粉碎后测试在600~650 ℃微熔，700~750 ℃全熔，符合坩埚釉料配制的基本要求。

表5-5 坩埚釉料的配方 (%)

序号	硼砂	纯碱	杂玻璃	木节土	外观性状
	粉状	粉状	32~40目 (0.495~0.63 mm)	<100目 (0.147 mm)	
6011	50		35	15	棕黄色玻璃体性脆
6052	50	20	15	15	棕黄色玻璃体性脆
6073	20	50	15	15	棕黄色玻璃体性脆
6084		50	50		棕黄色玻璃体性脆

注：加入适量萤石粉、滑石粉的釉料，经烧结后坩埚外形呈萤石淡蓝色。

表5-6 坩埚釉子（釉浆）的几种配方 (%)

序号	釉料	废洋矸土	木节土	废硅石	水玻璃	其他
	<120目 (0.121 mm)	<120目	<120目	<100目	Be56°	外加水
601	20	25	10	40	5	26~28
602	25	25	5	40	5	26~28

注：601号釉料为棕黄色玻璃体，600 ℃微熔，700 ℃全熔；602号釉料为黄绿色玻璃体，650 ℃微熔，750 ℃全熔。

烧结：坩埚待釉料层干后，即可进行高温（1100 ℃以上）烧结，目的是增强坩埚的密度和机械强度，提高产品质量，坩埚烧结温度为750 ℃以下时，烧氧化烟，750 ℃以上时烧还原烟，900 ℃以上高温时应烧中性烟或还原烟，当温度达到规定值（1100 ℃）时封闭炉门与烟道，保持8 h，然后进行自然冷却降温，待炉温达到40 ℃时可出窑。

成品：出窑产品按产品标准检测，合格品分类存放，并贴产品出厂标志。

5.2.3.2 等静压成型法

等静压成型法与可塑成型法比较，其优点在于工艺简单，生产周期短，成品率和生产效率高，定员少，劳动强度低，水分少，坩埚收缩率和气孔率低，产品质量和密度好。

等静压成型法是针对石墨在成型过程中容易产生相对滑动的特点，而采用各相均匀受压的形式生产。生产的工艺流程如图5-3所示。

除混料、成型工艺外，等静压法的其他工序与可塑成型基本相同。

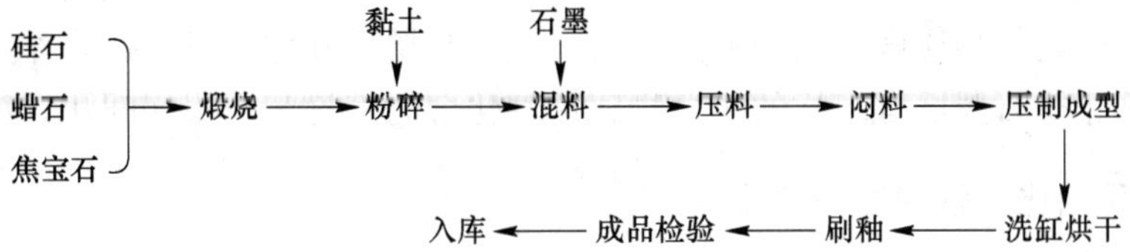

图 5-3　等静压成型法生产工艺流程

混料：混料时水分应保持在 10% 左右，为可塑成型法的一半，其余工序和方法与可塑成型法相同，即泥料不得干固结块、夹皮，水分和温度应保持均匀。

成型：将经过闷料的混合泥料直接放入模具内，此模具为受压容器，要求泥料厚度布放均匀，并将特制的胶皮胆放进泥料及模具的中心，加盖固定，启动高压油泵或水泵对皮胆加压到 200 MPa 左右，使泥料各个方向均匀膨胀而成型。等静压成型法压制的坩埚，因成型水分少，卸模后即有一定的强度，可直接进入烘干室进行烘干，缩短了工艺流程。

等静压成型法的缺点是一次性投资大，胶皮胆使用寿命短，从坩埚成型发展方向来看，等静压成型法具有广阔的前景。

5.2.4　目前市场上常用的一些首饰铸造石墨坩埚的型号

目前市场上常用的一些首饰铸造石墨坩埚的型号如表 5-7 所示。

表 5-7　目前市场上常用的一些首饰铸造石墨坩埚的型号

型　号	产品名称	尺寸/mm	备　注
G-40	石墨坩埚	$\phi40 \times \phi32 \times$ H96	For Galloni
C-40	石英外套	$\phi51 \times \phi43 \times$ H105	
GC-K001	石墨坩埚	$\phi70 \times 128$/Hole OD：8 mm	For Yasui K2E/KT17
GC-K001S	石墨塞棒	$\phi23.5 \times 149$	
GC-K002	石墨坩埚	$\phi65 \times 73$/Hole OD：8 mm	For Yasui K3
GC-K002S	石墨塞棒	$\phi21 \times 135$	
GC-K003	石墨坩埚	$\phi70 \times 89$/Hole OD：8 mm	For Yasui K5
GC-K003S	石墨塞棒	$\phi21 \times 135$	
GC-K004	石墨坩埚	$\phi70 \times 128$/Hole OD：8 mm	For Yasui KT18S
GC-K004S	石墨塞棒	$\phi16 \times 145.5$	
GC-K009	安井 KT15	$\phi62 \times$ H87.5/Hole OD：7 mm	For Yasui KT15S
GC-K009S	安井 KT15 塞棒	$\phi13 \times$ L136/Hole OD：7 mm	
GC-V010	石墨铸造坩埚	$\phi68 \times$ H120/Hole OD：8 mm	For Indutherm VC400
GC-V009	石墨坩埚	$\phi78 \times 120$/Hole OD：6 mm	For Indutherm VC500/VC600

5.3　石墨层间化合物

石墨的结构系六角形网格状层面有规则排列的重叠结构，同一层面内的碳原子以共价键结合，而层与层之间以范德华力结合。石墨层间化合物即是利用石墨的结构特点，通过化学反应方法使其他物质嵌入石墨的晶格层间，并与层内碳原子发生键合作用，形成具有新的性质，且保持石墨原有结构的化合物，这种化合物就称为石墨层间化合物。

5.3.1　石墨层间化合物的结构和分类

按石墨层间化合物的夹层性质，以及石墨与夹层剂之间的作用方式石墨层间化合物可分为以下类型（图5-4）：

- 石墨层间化合物
  - 离子型层间化合物
    - 供体型层间化合物
    - 受体型层间化合物
  - 共价键型层间化合物
  - 分子型层间化合物

图5-4　石墨层间化合物分类

离子型层间化合物指夹层剂（插入物质）与石墨之间有电子交流形成的化合物。若夹层剂向石墨提供电子称为供体型层间化合物，若夹层剂夺取石墨的电子则称为受体型层间化合物。供体型层间化合物的夹层剂主要为各种碱金属、碱土金属等；受体型层间化合物的夹层剂主要为各种卤素元素、金属卤化物、浓硫酸和浓硝酸等。

共价键型层间化合物中夹层剂与碳原子形成共价键结合。这类化合物由于共价键结合很牢固，石墨失去了导电性，变成绝缘体。如石墨氧化物和石墨氟化物都属于这一类。

分子型层间化合物中石墨与夹层剂之间以范德华力结合。如芳香族分子与石墨所形成的层间化合物即属于此类。

石墨层间化合物的结构：石墨层间化合物的结构特点是夹层剂沿着平行于石墨层面方向，在层面之间有规则的插入。视插入层间的量和排列方式不同，用“阶”来表示层间化合物的结构特点，一阶层间化合物是指石墨层面和插入物之间相间排列，二阶层间化合物指每隔两层石墨层面插入一层插入物，三阶层间化合物指每隔三层石墨层面插入一层插入物，以此类推，目前已有10~15阶层间化合物。如图5-5所示。

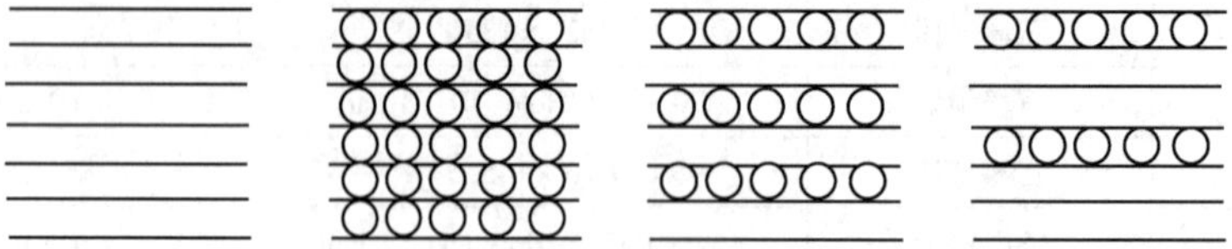

(a) 石墨　(b) 一阶　(c) 二阶　(d) 三阶

图5-5　石墨层间化合物结构示意图

由于化合物的插入，石墨层间距发生改变，表5-8列出石墨层间距的变化情况。

表5-8　插入物引起石墨层间距的变化情况

插入物	石墨	K	Rb	Cs	Li	H_2SO_4	HNO_3	Br	$FeCl_3$
间距/10^{-10} m	3.35	5.41	5.65	5.94	3.70	7.98	7.82	7.05	9.38

层间距的计算方法：当阶数为 n，层间距离 h_c 的变化可用下面的公式进行计算：

$$h_c = h_{c1} + (n-1) \times 3.35 \times 10^{-10} \quad (5\text{-}1)$$

式中 h_c——插入物进入后的层间距离，m；

h_{c1}——一阶层间化合物的层间距离，m；

n——层间化合物的阶数。

用式（5-1）计算的层间距与实测值很相近，表 5-9 为石墨层间插入钾生成一至四阶化合物的 h_c 值。

表 5-9 钾-石墨层间化合物的 h_c 值

阶数	化合物	实测 $h_c/10^{-10}$ m	计算 $h_c/10^{-10}$ m
1	KC_8	5.41	
2	KC_{24}	8.76	8.76
3	KC_{36}	12.12	12.11
4	KC_{60}	18.83	18.81

层间化合物的性质随阶数和插入物种类不同而变化，如石墨和钾形成一阶层间化合物 KC_8 时呈金黄色，在极低温度下呈超导性，但二阶层间化合物 KC_{24} 为青色，无超导性。另外，插入物可以是一种物质，也可以是多种物质，所以石墨层间化合物种类繁多，性质各异，其开发研究领域极为广阔。

5.3.2 石墨层间化合物的制造方法

5.3.2.1 石墨层间化合物的生成机理

石墨层间化合物是由石墨的晶体结构决定的。石墨属六方晶系，由六角形网格层面堆积而成，在同一平面内碳原子间距为 1.42×10^{-10} m，碳原子间靠三个 σ 键连接，为典型的共价键，键力很强，而处在层面边缘上的碳原子有未配对的电子，存在不饱和键，具有较大的化学活性。层面之间的碳原子距离为 3.35×10^{-10} m，间距大，键力弱，空隙较多，为其他物质的侵入提供了条件，因此，在石墨的边缘和层面之间可生成一系列的层间化合物。

离子型层间化合物是由金属离子侵入石墨层间生成的一种石墨-金属化合物，石墨晶格中增加了金属电子，使石墨的导电性增加，如钾插入石墨层间，为石墨提供了电子，本身变成正离子。氯、溴、酸和三氯化铁等插入石墨层间，则能从石墨中夺得 π 电子，本身变成负离子，使石墨晶格中增加了易移动的阴离子和带正电的“孔隙”，或者生成石墨盐，已制成的石墨盐有 $C_{24}HSO_4 \cdot 2H_2O$ 为一种不太稳定的深蓝色化合物。

共价键型层间化合物系石墨和强氧化剂如硫酸、硝酸、氯酸钾、高锰酸钾等物质反应生成的氧化石墨，在这类层间化合物中，氧原子和碳原子以共价键结合，使石墨层间距离扩大。氧化石墨易吸收水分和酒精，受热不稳定，在 150 ℃便分解出 CO_2、CO、O_2 等，如果升温过快，可能产生爆炸。

5.3.2.2 石墨层间化合物制造方法

石墨层间化合物的制造方法主要可分为两类：电化学氧化法和离子插入法。

A 电化学氧化法

电化学氧化法又分为强氧化剂法、强酸氧化法和电解氧化法。电化学氧化法主要用来制造共价键型化合物。

强氧化剂法是将石墨粉浸入硝酸、硝酸盐、铬酸钾、重铬酸钾、高锰酸钾等强氧化剂中，即可生成石墨层间化合物，经过脱酸洗涤干燥后，就得到层间化合物产品。这种方法存在的主要问题是废酸、废水需要处理。

强酸氧化法是用浓硫酸和浓硝酸以1：1～9：1（质量比）混合液浸泡石墨，即可在石墨层间生成石墨氧化物。将这种石墨氧化物脱酸、洗涤、烘干后，就得到所需的层间化合物。本法是使用最早，也是使用时间最长的方法，但仍存在三废处理问题。

电解氧化法是在电解槽中进行，克服了前两者的缺点，不存在三废问题。电解氧化法的工艺流程如图5-6所示，它是将硫酸（夹层剂）和石墨粉放入电解槽中，石墨粉成为阳极的一部分，带负电荷的 SO_4^{2-} 在外电场作用下，向石墨周围集中，并向石墨层间侵入，生成层间化合物。采用其他氧化剂如硝酸的反应原理与此相同。电解槽分为两种，连续工作和间歇工作电解槽。在间歇工作电解槽中石墨粉被压紧在阳极板面上的凹槽内。连续工作电解槽，石墨粉被分散在电解液中呈悬浮状态，再加搅拌装置，使石墨粉与电解液充分接触，氧化反应得以顺利进行。电解氧化法的优缺点是在搅拌作用下化学反应效果得到提高，反应物浓度可以降低，电解装置结构简单，生产可连续进行，适于大规模生产，但设备必须耐腐蚀。

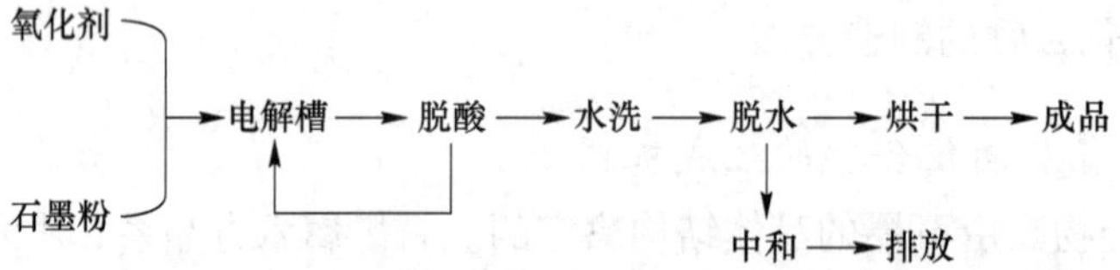

图5-6 电解氧化法工艺流程

B 离子插入法

离子插入法主要用于生成离子型层间化合物，包括碱金属、卤素及金属卤化物层间化合物。

粉末冶金法制造石墨碱金属层间化合物：将一定数量的金属和石墨粉末，在真空条件下混合均匀，模压成型，然后在惰性气氛中热处理，该法能合成一至四阶化合物。其生产工艺流程如图5-7所示。

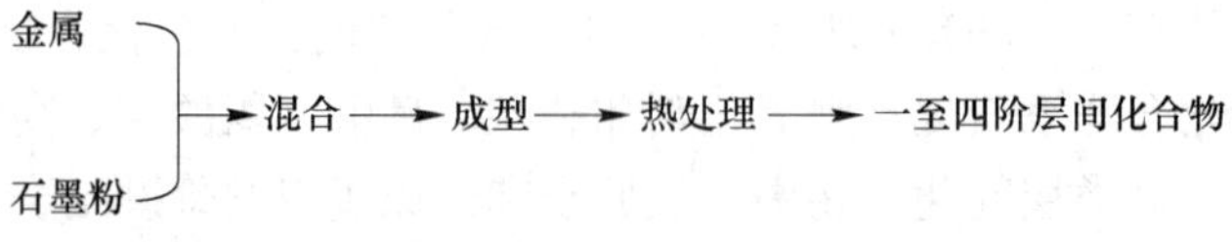

图5-7 粉末冶金法生产石墨层间化合物工艺流程

金属硫化物作为插入物的层间化合物的制造方法：将一定量的硫化物和石墨粉经混合均匀后，放入散式加热器中密闭加热至200 ℃，即可制成含 SbS_5、Ti_2S、$CuS_{1.3}$、FeS_2、

$WS_{2.4}$与石墨生成的层间化合物。

卤素-石墨层间化合物的制造方法：卤素为受电子型元素，以氟、溴最多与石墨生成层间化合物。石墨在液体溴中浸渍或与溴蒸气直接接触，便能生成石墨-溴层间化合物。用石墨溴化物作电极时，只要在两极之间存在很小的温差，就能得到电能，这是一种新型浓差电极材料。

金属卤化物作插入物的层间化合物的制造方法：将一定数量的金属卤化物和石墨混合均匀后，一起加热，即可得到指定阶数的层间化合物。如将石墨粉和三氯化铝粉均匀混合，通入氯气加热至265 ℃，氯和三氯化铝粉将一起进入石墨层间，以（$AlCl_3$）$^-$离子与石墨层间的碳原子结合，生成一至四阶层间化合物，组成如 C_9AlCl_3（一阶）、$C_{18}AlCl_3$（二阶）、$C_{36}AlCl_3$（四阶）。将一阶化合物 C_9AlCl_3 加热至 440 ℃时，$AlCl_3$ 可以部分逸出，形成三阶化合物（$C_{24}AlCl_3$）。

其他一些层间化合物的制造：在制得一阶层间化合物后，用 Na、$NaBH_4$、$LiAlH_4$ 等物质在室温或低温（−70 ℃）时，将石墨卤化物的层间化合物缓慢还原，就可得到二阶层间化合物，如石墨-三氯化铁层间化合物。用这种方法可以防止金属卤化物被还原成金属。

5.3.3　石墨层间化合物的用途

石墨层间化合物属于新型功能材料，在钢铁、冶金、石油、化工、机械、宇航和原子能等工业部门作为理想的耐高温、抗热震、防氧化、抗腐蚀、良好的密封性和润滑性材料被应用。作为轻质高导电材料、催化剂材料、储氢材料和同位素材料而引起人们的注意。

5.3.3.1　石墨酸

石墨酸是石墨和酸性氧化剂经化学反应生成的层间化合物，又称氧化石墨。近似的化学分子式为 $C_8O_2(OH)_2$，层间易吸收水分而膨胀成凝胶，将凝胶中多余的水分滤去，便得到石墨酸胶体薄膜，进一步加热脱水，则可制成石墨胶膜。这种石墨胶膜是一种反渗透薄膜材料，主要用于海水淡化和污水净化中。

5.3.3.2　导电材料

石墨层间化合物具有比石墨更高的电导率，如用 HNO_3 制得的层间化合物，其电导率为原石墨的 12～13 倍，比铜还好，而价格比铜低，体积质量比铜轻。

石墨材料本身是一种半金属，空穴和载流子浓度相当，呈中性。平面上电导率为 2.5×10^6 S/m，沿 c 轴方向的电导率要小得多。在石墨层间化合物形成的过程中，插入物的插入使其载流子的浓度随施主型石墨层间化合物中的传导电子或受主型石墨层间化合物中的空穴的增加而增大，因此导电性能增强。由五氟化物制备的石墨层间化合物，其室温电导率达 10^8 S/m，比金属铜还高。

5.3.3.3　浓缩储氢材料

低温型 K-H-石墨层间化合物吸附氢后，化合物本身体积几乎不变，且吸附和解吸完全可塑，速度也非常快，有杂质存在时性能不受影响，为优质的储氢材料。

5.3.3.4　有机化学反应催化剂

利用 C_8K 和 $C_{24}K$ 吸附氢的特殊性质，可以对有机反应实现加氢和脱氢起催化作用。

石墨-硫酸层间化合物，对醇类和羧酸的酯化反应也有很强的催化作用。此类化学反应可以在室温下和短时间内获得90%以上的收率。

5.3.3.5 电极材料

石墨层间化合物可作为高功率电池的电极，其优点是小型、轻质、高电压、高能量密度、储存性能好，在20 ℃温度下可保持5年，并能在低温下使用。如石墨-溴（$C_{18}Br$）可做电池的正极和负极，电介质用10%的溴化钾溶液，制成高浓差电池。当两极之间存在温差时，即使温差很小，在温度较高的一端溴的活性增大，成为电池的正极，温度较低的一端成为负极，从而产生电动势，这为利用余热和太阳能提供了一条新途径。

5.3.3.6 膨胀石墨

目前90%的石墨层间化合物用作膨胀石墨材料，应用于密封中，被称为密封材料之王。具有耐高温、耐酸碱、自润滑等优点，主要用在化工、机械等部门中。如日本的尼桑、丰田等汽车已全部采用石墨汽缸垫片，行车里程可达30万千米，传统的石棉汽缸垫片行程仅能达5万～10万千米。

5.3.3.7 电池材料

利用石墨层间化合物的插入和分解反应的特点，已经成功地制成了各种一次和二次电池，特别是二次锂离子电池的成功开发，已大量地用于市场，二次锂离子电池具有高能量密度、高工作电压（3.6 V）、循环性好、无记忆性、安全及无污染等特点，主要用于便携式电子产品，如笔记本和手提电话，目前正在向动力电源方向迈进，如电动车等。

5.3.3.8 密封材料

以硫酸、硝酸和鳞片石墨反应合成的可膨胀石墨，经过高温膨胀后体积剧烈膨胀，含有许多大孔结构，再经过机械加压成型可制成柔性石墨，具有耐高温、耐腐蚀、自润滑特性，而且由于经过自啮合成型，还具有高压缩回弹性和低应力松弛率等性能，有“密封王”的美称。

这种材料热稳定性好，在空气中的使用温度为400～500 ℃，作为密封材料使用时温度可达600 ℃，在水蒸气介质中可达650 ℃。

5.3.3.9 医学材料

由于石墨层间化合物有对有机、生物大分子的吸附特性，在生物医学材料上有广泛的应用前景。清华大学用石墨层间化合物制作医用敷料代替医用纱布，经300多只小白鼠、大白鼠、豚鼠、家兔的动物试验，证明无毒、无副作用，对创面无刺激、不染黑，并促进愈合。第一军医大学南方医院伤科等4所医院进行了114例临床实验，其效果比传统纱布引流好，有明显的抗感染、抑菌、消炎作用，可代替50%～80%的纱布。

5.4 氟化石墨和柔性石墨

5.4.1 氟化石墨

氟化石墨是一种石墨层间化合物，20世纪70年代美国、日本等研究成功的新型材料。氟化石墨的分子式为（CF_x）$_n$，目前有两种稳定的化合物，分别用（CF）$_n$ 和（C_2F）$_n$

表示，通常称为聚单氟碳和聚单氟二碳。

氟化石墨的制法是将石墨粉在预先干燥的活化条件下，加热到 374 ~ 600 ℃，通入被 N_2 稀释的氟而制得。产品成分取决于反应时间、温度和原料性质等因素。

5.4.1.1 物理性质

（1）C/F 比。$CF_{1.0\sim1.25}$氟化石墨称为高氟化度氟化石墨，$CF_{0.5\sim0.99}$称为低氟化度氟化石墨。高氟化度氟化石墨具有优良的热稳定性，几乎是电的绝缘体，对强氧化剂、碱和酸都具有很强的耐腐蚀性、润滑性好，优于二硫化钼和鳞片石墨。低氟化度氟化石墨热稳定性差，是制造高能无水电池阴极的理想材料，其质量比普通电池轻 20% ~ 30%，工作电压和电容量均比碱性电池高一倍，一个这种电池相当于 5 个碱性电池或普通电池。

（2）热稳定性。氟化石墨的热稳定性好，在温度低于 350 ℃时，没有失重发生，350 ℃以上时开始失重，且 $(CF)_n$ 比 $(C_2F)_n$ 失重大。

（3）润滑性。在固体润滑剂中氟化石墨的摩擦系数最小，且不受温度影响。其缺点是滑动面难密封。

（4）导电性。氟化石墨由于碳和氟形成共价键，因而失去导电性，成为绝缘体。

5.4.1.2 化学性质

（1）耐酸碱腐蚀性。在常温下即使是浓硫酸、浓硝酸、强碱等都不能腐蚀石墨层间化合物，在热酸、热碱中有少量发生反应。

（2）与氢的还原反应。在 450 ~ 500 ℃下，能与氢进行还原反应生成氟化物。反应式为：

$$CF + \frac{1}{2}H_2 \xrightarrow{450\sim500\ ℃} C + HF \tag{5-2}$$

（3）和碱金属及其卤化物的反应。在高温下能与碱金属及其卤化物发生反应，生成氟化碱金属和无定形碳，反应式为：

$$\begin{gathered} M + CF \xrightarrow{\text{加热熔融}} MF + C \\ MX + CF \xrightarrow{\text{加热熔融}} MF + \frac{1}{2}X_2 + C \end{gathered} \tag{5-3}$$

其中 M 为碱金属，X 为卤族元素。

（4）在紫外线照射下的分解反应。石墨层间化合物在紫外线照射下能部分发生分解反应，反应式为：

$$CF + RR'OH \xrightarrow{\text{紫外线照射}} C + HF + RR'O \tag{5-4}$$

其中 RR′OH 为极性有机溶剂。

（5）表面能极低。表 5-10 列出几种物质的表面自由能，可见氟化石墨表面自由能最小。这一特殊的性质使其在钢铁、铸造、轻纺等行业的脱模润滑方面具有重要的应用。

表 5-10 几种物质的表面自由能

物质名称	表面自由能/10^{-3} J·m^{-2}	表面组成
氟化石墨 $(CF)_n$	6 ±3	CF（基面）
高氟十二碳烯酸	10.4	$CF_{23}CF_2$（侧面）

续表 5-10

物质名称	表面自由能/10^{-3} J·m^{-2}	表面组成
聚六氟化丙烯	18.0	CF_3-CF_2CF
聚四氟乙烯	19.5	$>CF_2$

(6) 电化学性质。在锂电池中锂作为阳极，氟化石墨作为阴极组成非水系电池。表5-11 列出了锂电池和普通水系电池的理论电热和能量密度，可见锂电池明显优于普通电池。

表 5-11 锂电池与普通电池的理论电热和能量密度

反　应	理论电热 E_0/V	能量密度/W·h·kg^{-1}
锂电池		
$NLi + (CF)_n \rightarrow nLiF + ne$	3	2260
$8Li + 3SOCl_2 \rightarrow 6LiCl + Li_2SO_3 + 2S$	3.61	1877
$2Li + CuF_2 \rightarrow 2LiF + Cu$	3.54	1645
$2Li + NiF_2 \rightarrow 2LiF + Ni$	2.83	1370
$2Li + 2MnO_2 \rightarrow Li_2O + MnO_3$	2.69	768
$2Li + AgCrO_4 \rightarrow Li_2CrO_4 + 2Ag$	3.35	520
普通电池		
$Zn + MnO_2 + 2H_2O \rightarrow Zn^{2+} + Mn^{2+} + 4OH^-$	1.7	234
$Zn + Ag_2O \rightarrow ZnO + 2Ag$	1.6	287

氟化石墨的应用：氟化石墨是一种新型的特殊材料，具有表面能低、电活性高、具层状结构等特点，在高能电池、核反应堆、润滑、除油、防污、防水等方面都获得广泛应用。

(1) 高能电池。氟化石墨是目前电池业获得高能密、高稳定性、高利用率的最好材料。高能电池是由轻金属如锂、铝作阴极，固体氟化石墨和无水电解液组成阳极的电池。这种电池具有使用可靠、放电性能平稳、微型、轻质、高效、高能等特点。

(2) 核反应堆材料。氟化石墨在核反应堆中主要用作减速剂、反射材料和涂敷材料。氟化石墨的主要特点是气体透射率小、防污染性好、热中子吸收断面小、反应堆内热中子损失小、反应的热效率高。

(3) 固体润滑材料。氟化石墨是理想的固体润滑材料。常用的氟化石墨是聚单氟碳 $(CF)_n$ 和聚单氟二碳 $(C_2F)_n$。

5.4.2 柔性石墨

柔性石墨是以膨胀石墨为原料，经加压成型制得，克服了天然石墨硬而脆的缺点，具有新的柔软性，故称为柔性石墨。膨胀石墨是由酸浸氧化法生产的石墨层间化合物，其层间距离可比原来增大 20～500 倍，但石墨原来的理化性质不变。

柔性石墨的特性：

（1）化学稳定性好，耐腐蚀性强，在 pH = 0 ~ 14 范围内的酸、碱、盐、蒸汽、热油、油脂等介质中不发脆、不老化、不变质。

（2）耐热性能好，使用温度范围宽，在氧化气氛条件下可在 −200 ~ 600 ℃温度下使用；在缺氧条件下可在 −200 ~ 1650 ℃下工作；在惰性气氛中的使用温度为 −200 ~ 2500 ℃。

（3）热导率高，在 20 ℃时，柔性石墨经向的热导率为 6.477×10^5 W/(m·K)，轴向为 1.792×10^7 W/(m·K)，为石棉垫片热导率的经向 21.5 倍，轴向 595 倍。

（4）摩擦系数小，润滑性好，柔性石墨的摩擦系数仅为 0.08 ~ 0.15。

（5）密封效果好。具有优良的柔韧性和弹性，回弹率达到 30% ~ 60%，压缩率约为 42% ~ 78%。

（6）吸附性强，石墨经高温膨胀后，孔隙增多，表面积增大，对液体和气体的吸附能力增加。

柔性石墨的用途：目前柔性石墨主要用作新型高级密封材料，取代石棉、橡胶等传统密封材料，特点是密封性能好，使用温度范围宽，用于电热厂（蒸汽压力 240 kg/cm^2，560 ℃）作密封垫片可防止蒸汽泄漏。柔性石墨还具有抗辐射能力，受 γ 射线照射后性能不变，可用于原子能电站电机密封。此外，柔性石墨还用于热屏蔽及保温材料、钢锭防缩口剂等方面。国内 70% 的柔性石墨用于冶金工业。

5.5 胶体石墨

胶体石墨又称石墨乳，它是把石墨粉与液体混合，并通过机械作用将其分散成稳定的悬浮液。其特点是液态时性质稳定，干燥涂膜时附着力强，石墨粒子在涂敷面上呈平行排列，表面致密平滑，具良好导电性和润滑性。

制取胶体石墨首先解决两个问题：一个是石墨超细粉碎和分级处理，使之符合胶体粒度的要求；另一个是石墨微粒在液体中的分散处理。由于石墨疏水性好，因此需加入亲水物质才能使石墨在水中有效分散，这种物质称为分散剂。胶体石墨的制造原则工艺流程如图 5-8 所示。由于石墨粒子通常带负电，根据同性相斥原理，水的 pH 值应保持 10 左右，为此需向水中加入碱性电解质，这种物质也称为解胶剂，即能使胶体溶液保持稳定的物质。而能使胶体石墨产生凝聚的物质称为凝析剂，如酸性物质的加入能使胶体石墨产生破坏发生凝聚。

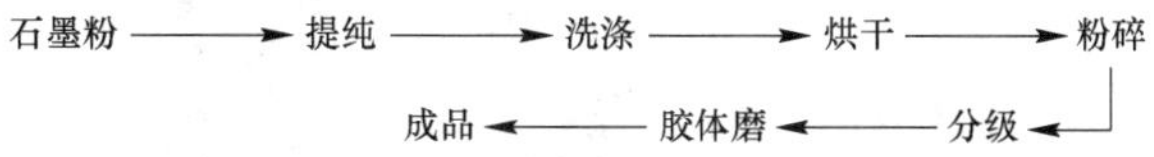

图 5-8　胶体石墨生产原则工艺流程

介绍一组生产胶体石墨润滑剂的配方：含碳量 99% 的高碳石墨 18% ~ 26%，增黏剂（用于控制胶体的黏度）羧甲基纤维素 1% ~ 4.5%，阿胶 1% ~ 7.5%，涂膜增强剂硼砂 0.2% ~ 1.5% 和琼脂 0.2% ~ 1.5%，解胶剂氨水 1% ~ 6%，防腐剂甲醛 2% ~ 8%，去离子水

75%，将这些物质混合研磨至胶体粒级，可制成胶体石墨润滑剂。

胶体石墨的应用：在金属材料拉丝加工中胶体石墨用作润滑剂，可在金属表面形成薄膜，保护金属丝不被氧化。在汽车工业和齿轮加工中，胶体石墨也被广泛地用作润滑剂。在显像管中胶体石墨用于显像管阴极作为导电性涂料，涂敷于显像管内壁可防止二次电子放射，保持光反射小，起到屏蔽作用。

5.6 石墨烯

石墨烯（graphene）是碳原子紧密堆积成单层二维蜂窝状晶格的一种碳质新材料，是构建其他维数碳质材料的基本单元。石墨本身就是由众多石墨烯堆积而成的。2010年，Andre Geim 和 Kostya Noveosebv 就凭借着在石墨烯方面的创新研究而获得了诺贝尔物理学奖。

5.6.1 石墨烯的性质

石墨烯是一种单原子层结构的碳纳米材料，具有特殊的优异的电学、力学和热学性质。

电学性质：石墨烯是一种禁带宽度几乎为零的半金属、半导体材料，具有半金属特性。由于其超高的内部载流子浓度和高度对称的晶体结构，室温下的高载流子迁移率为15000 $cm^2/(V \cdot s)$，并受温度和掺杂效应的影响很小。而且其电阻率为 10^{-6} $\Omega \cdot cm$，比目前所有材料的都低。

力学性质：石墨烯的抗拉强度极限为42 N/m，比同样厚度的钢的强度高100倍。从铅笔石墨中提取的石墨烯，硬度比钻石还大。

热学性质：石墨烯在室温下热导率高达5300 $W/(m \cdot K)$，好于碳纳米管和金刚石，且其大小随温度升高而缩小，与普通材料的热胀冷缩的性质不同。构成碳纳米管、富勒烯和石墨体材料的基本单元——石墨烯如图5-9所示。

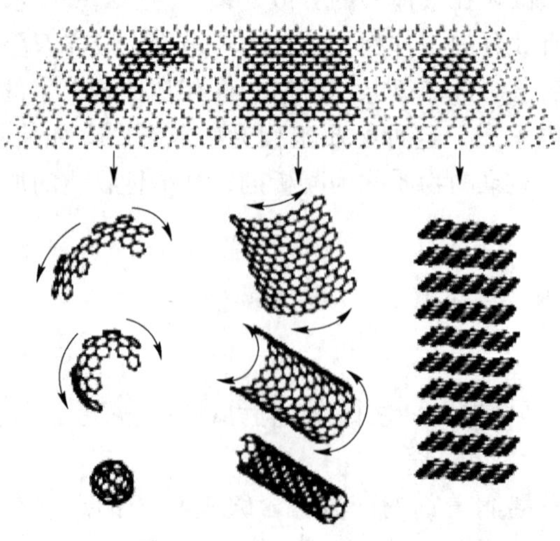

图5-9 构成碳纳米管、富勒烯和石墨体材料的基本单元——石墨烯

5.6.2 石墨烯的制备

目前石墨烯的制备方法主要有：微机械剥离法、化学还原石墨烯氧化物法、碳纳米管轴向切割法、电化学还原法、化学气相沉积法、微波法、溶剂热法、电弧放电法、外延生长法等等。

5.6.3 石墨烯的应用

由于石墨烯在电学、热学和力学方面表现出的优异性质，其将在各个领域得到广泛的应用。

在电化学领域，石墨烯可以在超级电容器、锂离子电池、太阳能电池和燃料电池、储氢/甲烷材料中得到应用。随着研究的不断深入与技术的不断推进，以石墨烯为基础的光电器件的功能必将得到进一步提升，并将成为未来纳米器件中的重要成员。

在生物医学领域，石墨烯可以被应用于靶向药物输运、细胞成像、生物检测、肿瘤治疗以及石墨烯生物安全性研究。

石墨烯还可以应用于晶体管、触摸屏、基因测序等领域，同时有望帮助物理学家在量子物理学研究领域取得新突破。中国科研人员发现细菌的细胞在石墨烯上无法生长，而人类细胞却不会受损。利用这一点石墨烯可以用来做绷带，食品包装甚至抗菌 T 恤；用石墨烯做的光电化学电池可以取代基于金属的有机发光二极管，因石墨烯还可以取代灯具的传统金属石墨电极，使之更易于回收。这种物质不仅可以用来开发制造出纸片般薄的超轻型飞机材料、制造出超坚韧的防弹衣，甚至能让科学家梦寐以求的 2.3 万英里长太空电梯成为现实。

学习思考题

5-1　石墨矿物分为哪几类？

5-2　简述石墨的物理化学性质。

5-3　简述石墨在近代工业的用途有哪些方面。

5-4　简述石墨坩埚的生产工艺流程。

5-5　什么是石墨层间化合物？

5-6　石墨层间化合物的制造方法有哪些？

5-7　简述石墨烯的性质以及石墨烯的制备方法。

5-8　简述石墨烯的应用有哪些？

5-9　什么是胶体石墨，胶体石墨具有什么性质？

5-10　论述胶体石墨生产原则工艺流程。

6 云母材料

❖ 本章提要

本章系统地介绍云母材料的特性及其应用。首先，我们将概述云母的基本特征，包括其独特的层状结构和优异的电气、热学性能。接着，将深入探讨片状云母及云母纸的加工工艺，阐述其在电气绝缘、耐热材料等领域的应用。此外，还将详细介绍云母粉、云母陶瓷、云母塑料以及珠光云母等衍生产品的制备方法和应用领域。通过学习本章，将全面了解云母材料的多样化应用，为进一步探索和开发云母材料提供坚实基础。

6.1 云母的特征

6.1.1 云母的结构和组成

云母是含锂、钠、钾、镁、铝、锌、铁、钒等金属元素并具有层状结构的含水铝硅酸盐族矿物的总称，其成分可用下列通式表示 $X\{Y_{2\text{-}3}[Z_4O_{10}](OH)_2\}$，式中 Z 为阳离子，主要是 Si 和 Al 离子，一般 Al∶Si 为 1∶3，有时被 Fe、Cr 取代；Y 为阳离子，主要是 Al、Fe 和 Mg，其次是 Li、V、Cr、Zn、Ti、Mn 等；X 为阳离子，主要是阳离子 K，有时是 Na、Ca、Ba、Rb、Cs 等；阴离子为 OH，可被 F、Cl 取代。

云母属于层状结构，为两层硅氧四面体夹着一层铝氧八面体结构的复式硅氧层，在硅氧四面体中约有 1/4 的 Si^{4+} 被 Al^{3+} 取代，引起正电价不足，硅氧四面带负电，由正离子来补充，正离子处在两个复式硅氧层之间。一般硅氧四面体和铝氧八面体之间结合很牢固，而补充电价的正离子夹在两个复式硅氧层之间，所以较微弱，因此，云母晶体很容易沿这些正离子所在的平面分剥开来。

（1）白云母。分子式 $KAl_2(AlSi_3O_{10})(OH)_2$，属单斜晶系，晶体多为板状，一般呈鳞片状、叶片状、羽毛状或球状产出。具有玻璃光泽，有时过渡为珍珠光泽或丝绸光泽，透明，颜色为无色、淡棕红色、淡绿色、绿色、银白色、银灰色等。

（2）金云母。分子式 $KMg_2[AlSi_3O_{10}](OHF)_2$，为单斜晶系，晶体为六角形，常见双晶，通常为板状、叶片状及分散鳞片状产出。底面解理极完整，可剥成薄片。具珍珠光泽或半金属光泽、玻璃光泽、油脂光泽。

（3）黑云母。分子式 $K(MgFe)_3(AlSi_3O_{10})(OH)_2$，为单斜晶系，晶体呈板状、叶片状或分散鳞片状产出，间或有六角板状、短柱状、底面解理极为完整。具玻璃光泽，珍珠光泽或半金属光泽，颜色为黑色、棕黑色。

（4）锂云母。分子式 $(KLi)_2Al(AlSi_3O_{10})(OH)_2$，属单斜晶系，晶体为短柱状，产

出形态多为鳞片状块体或板状，解理完全，可以剥成薄片，具珍珠光泽，颜色有紫色、淡红色、淡黄色、灰白色、白色等，呈半透明。

（5）铁锂云母。分子式 $KLiFe(AlSi_3O_{10})(OH)_2$，属单斜晶系，外形与白云母相似，有时呈扇形集合体，解理完全，薄片具弹性，颜色有黄、棕、绿、黑、紫、灰等色，不透明或半透明。

（6）珍珠云母。分子式 $CaAl_2(AlSi_3O_{10})(OH)_2$，属单斜晶系，产出形态多呈鳞片状、板状、粒状。解理性差，薄片脆，没有弹性，具玻璃或珍珠光泽。

（7）蛭石。分子式 $(MgFe)_3[(AlSi)_4O_{10}](OH)_2 \cdot H_2O$，颜色为暗绿色或黑色，水化完全时呈黄铜色，具玻璃光泽或油脂光泽。蛭石为黑云母、金云母等经蚀变风化而成。

（8）碎云母。分子式 $KAl_2(AlSi_3O_{10})(OH)_2$，属单斜晶系二八面体型，多呈板状或片状，外形呈假六方形或菱形，有时单体呈锥形柱状，柱面有明显的横纹，晶体细小者呈鳞片状，物理性质同白云母一样，颜色无色透明，含杂质则略带浅黄、浅绿、浅红、浅灰或棕褐色等，完全解理，薄片具有弹性，解理面珍珠光泽。

各种云母中以白云母最有工业价值，其晶片面积大，电性能好，是电气工业中非常重要的绝缘材料。蛭石在电气工业上的应用价值不大，但在建筑业中具有重要应用。

6.1.2 云母的性质和用途

6.1.2.1 物理性质

密度 2.6 ~ 2.86 g/cm^3。硬度一般为莫氏硬度 2 ~ 3。云母的硬度与耐热性、云母的种类和质量等因素有关。如硬度低的软金云母加热至 300 ℃就急剧膨胀，并失去透明性。而硬金云母加热至 600 ℃也不失去透明度，且膨胀很小。

热学性质：云母耐热性好，一般采用对云母加热至膨胀时的温度表示其耐热性。云母的传热性差，为热的不良导体，在 100 ~ 600 ℃范围内白云母、金云母的热导率平均为 0.0067 J/(cm · s · ℃)。云母既耐高温，又能在温度急剧变化条件下，保持原来的强度，这是云母的绝缘性比陶瓷、玻璃绝缘性优越的地方。

力学性质：云母可剥成厚度为 0.01 ~ 0.02 mm 的均匀薄片，薄片具有较高的抗压强度。白云母的抗压强度为 813951 ~ 1225831 kPa，抗拉强度为 166700 ~ 353019 kPa，抗剪强度为 210843 ~ 296063 kPa；金云母的抗压强度为 294199 ~ 588399 kPa，抗拉强度为 156906 ~ 205939 kPa，抗剪强度为 82768 ~ 135332 kPa。

光学性质：白云母在薄片中呈无色或绿色，也有些具多色性。金云母在薄片中呈淡棕色至无色，有少许色体。

电学性质：云母的电学性质存在各向异性，在垂直于解理面的方向上绝缘性极好，而沿着解理面方向绝缘性极差。表 6-1 列出云母的体积电阻率，表 6-2 列出各种电介质的介质损耗角正切，介质损耗角正切是由电介质在电场的作用下受热而产生的功率损耗，其值表示绝缘材料的质量，绝缘材料越好，介质损耗角正切越小。表 6-3 列出电介质的介电常数，表 6-4 列出各种材料的介电强度，即绝缘物的击穿电压与绝缘物厚度之比值，单位为 kV/mm。

表 6-1 云母的体积电阻率

产地		云母种类	体积电阻率/Ω·cm
中国	河北曲阳	斑点白云母	2.1×10^{15}
	河南新乡	白云母（绿色）	8.13×10^{13}
	广东高要	白云母	2.55×10^{15}
	吉林集安	金云母	1.84×10^{15}
	内蒙古	白云母	$1\times10^{15}\sim1.7\times10^{16}$
	四川	白云母	$1\times10^{14}\sim2\times10^{16}$
	新疆	白云母	9×10^{14}
苏联		白云母	$10^{14}\sim10^{15}$
		金云母	$10^{13}\sim10^{14}$
朝鲜		金云母	$8\times10^{13}\sim1.7\times10^{14}$

表 6-2 电介质的介质损耗角正切

材料	10^6 Hz 时 $\tg\sigma$	材料	10^6 Hz 时 $\tg\sigma$
纯净白云母	0.0001～0.0003	云母碎玻璃	0.002～0.005
黑斑点白云母	0.0002～0.056	电木	0.005～0.01
红斑点白云母	0.0002～0.037	电容器纸	0.003～0.05
黄斑点白云母	0.001～0.01	玻璃	0.01～0.05
金云母	0.002～0.007	高频绝缘材料	0.02～0.04

表 6-3 各种电介质的介电常数

材料	介电常数	材料	介电常数
白云母	6～8	硬橡胶	3
金云母	5～6.5	酚醛树脂	4～6
玻璃	5.5～10	含二氧化钛陶瓷	40～100
陶瓷	5.5～6.5	电容器纸	2.3～3.5

表 6-4 各种材料的介电强度

材料	厚度/mm	介电强度/kV·mm^{-1}
白云母	0.025	110～130
金云母	0.025	115～140
浸石蜡电容器纸	0.01	90～110
硬橡胶	10	27～35
陶瓷	—	34～38
酚醛树脂	1	20～25

6.1.2.2 化学性质

云母的化学性质稳定，各种浓度的冷盐酸对云母不起化学反应，300 ℃时白云母在盐酸中失去其坚固性。长时间置于硫酸中会起反应，在30%沸腾的硫酸中白云母质量损失约30%，而金云母质量损失约65%，碱对云母几乎不起作用。短时间内水对云母不起任何侵蚀作用，但时间过长云母内的K_2O会受到侵蚀，使云母失去光泽，甚至不能做电气绝缘材料。云母的吸水性和吸湿性很小，表6-5列出我国主要产区云母的吸水性和吸湿性。

表6-5 云母的吸水性和吸湿性

产地	编号		吸湿率/%	吸水率/%	产地	编号		吸湿率/%	吸水率/%
新疆	7号	A	0.37	1.02	内蒙古	4号	A	0.23	0.28
		B	0.17	1.82			B	0.17	0.29
		C	0	1.27			C	0	0
		D	0	0		10号	A	0	0
		E	0.16	0.36			B	0.27	0.20
							C	0.18	0.13
							D	0.22	0.18

6.1.2.3 用途

片状云母用途：片状云母主要用于电气、电子和光学工业，作为绝缘和支撑材料。90%以上的高级云母产品用于电气、无线电和电视工业，其他方面如高压蒸汽锅炉的视察水位表窗、炼钢炉的炉窗、氧气呼吸器隔膜、航海罗盘的指示刻度表、光学设备的减震板、X射线设备和声学装置。此外，在一般通信设备，中小型传导线路底板，和计算机记录头中的隔板中均使用片状云母。

碎云母的用途：制云母粉、造纸、耐热云母板。在日本耐热云母板的耐热可达600 ℃，用于建筑上作膨胀材料、耐火材料等；在绝缘材料方面，云母具有电阻率高、电解质损耗低、电弧稳定等特点，可使前述的有机和无机复合材料具不同程度的绝缘性能。此外，碎云母还可用于制作还原云母、云母带、膨胀云母等多种专用绝缘材料；在消防器材方面，用于干火灭火剂，可防堵塞、防结块，延长保存期，增强灭火剂喷出的流动性，提高灭火效果；在石油钻井泥浆方面，云母粉颗粒的片状特点对堵塞钻孔孔隙防止泥浆漏失，效果十分显著。由于云母粉分散性好，能形成良好的悬浮状态，有利于克服泥浆不正常循环。由于云母有耐高温性、耐磨性、润滑性及化学稳定性，在深井钻探中可作抗高温泥浆和抗磨损剂。

云母粉的用途：涂料和颜料是云母粉的主要用途，云母粉颗粒呈片状，在涂料中趋向平行漆膜表面排列组成一层惰性坚实而又柔韧的保护层；云母粉用于颜料，可取得珠光效果。以云母粉做衬底，在上面再涂一层薄薄的二氧化钛或其他金属氧化物可产生不同的鲜艳色彩。可应用于化妆品中，代替珠光颜料，赋予制品以光泽，用于保湿制品时可抑制皮肤水分的蒸发，高效率屏蔽紫外线。这种云母粉的卫生指标很苛刻（菌数、有害元素含量等）。制造云母玻璃。美、英、苏等国用纯云母粉60%与无铅玻璃粉40%制成云母玻璃，广泛应用于电子工业。制云母陶瓷、水泥、油漆、橡胶、塑料等的原料，可改善材料性质或制成新的材料。

6.2 片状云母及云母纸的加工工艺

6.2.1 片状云母加工工艺

片状云母的加工工序如图 6-1 所示，首先按云母产品的品种、规格和质量要求，进行分类配料，再劈分成厚云母片。然后经选料将厚片云母进行分级、分号。通常按质量分为特级、甲级、乙级、丙级及特殊用途的专用云母片。特级和甲级用于加工电容器零件、芯片等高质量的产品。乙级主要用于加工成电机工业用薄片。丙级用作加工保护片、垫片及隔热衬垫等各种产品。

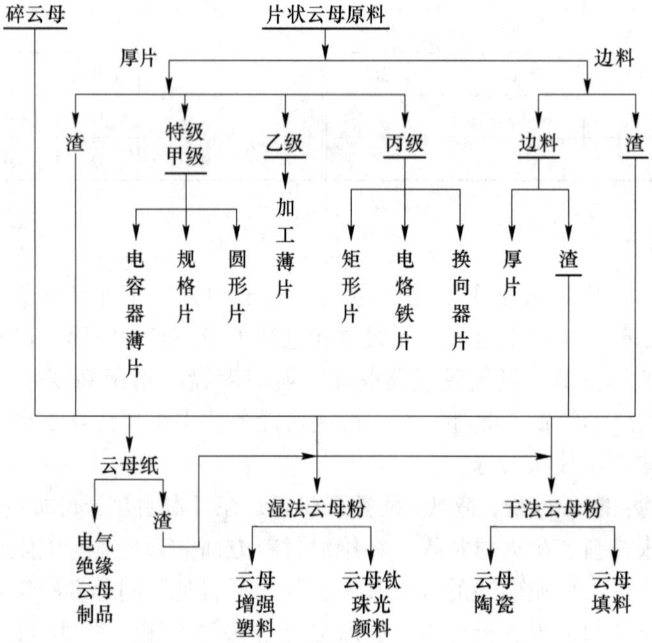

图 6-1 云母原料加工工艺

6.2.2 云母纸的制造工艺

云母纸的原料为云母碎屑和片云母加工后的边角料。其特点是厚度均匀，介电强度波动范围小，电晕起始电压高而稳定，均质性好，且没有片云母的搭接现象，胶易渗透，残留空隙少，绝缘性能好，导热性好，使用时温升低，但机械强度较差，这一点可通过选用合适的黏结剂和补强剂来弥补。

云母纸浆的制造方法：云母纸的制造关键在于云母纸浆的制造方法，目前云母纸浆的制造方法主要有煅烧化学处理法、水力制浆法、胶辊粉碎法、超声波粉碎法等。

6.2.2.1 煅烧化学制浆法

将云母碎片经高温煅烧脱去云母中的部分结晶水，使云母沿垂直于解理面方向膨胀，变软，再用化学方法处理，使云母充分地分裂解理，再洗涤、搅拌、分级成浆，该法也称熟法工艺。制成的纸称为粉云母纸（俗称熟粉纸）。煅烧化学法制浆的生产工艺如图6-2所示。除杂是将不适于制造云母纸的黏结片、黑云母、绿云母以及与云母伴生的其他杂质除去。厚度大于1.2 mm的云母片也要除去。水洗在圆筒筛和振动筛中进行，除去泥沙并筛去粗料。干燥将云母粉水分由20%~25%降至2%以下。煅烧在电炉中进行，温度600~800 ℃，时间50~80 min，云母晶体中50%左右的结晶水被除去。煅烧后的云母熟料需进行筛选，以去除夹在云母层间的泥沙、易燃物、灰分等。

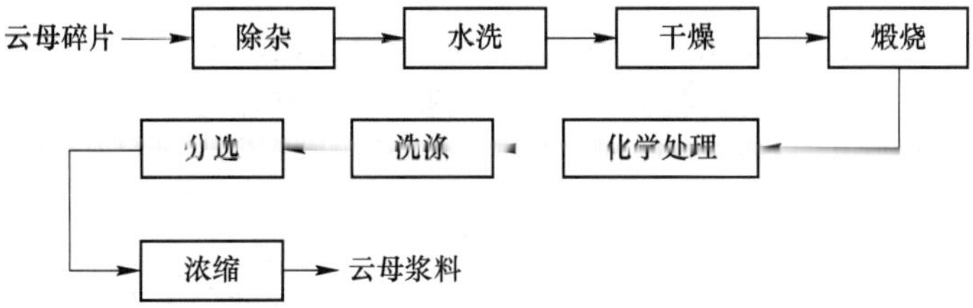

图6-2　煅烧化学制浆工艺流程

化学处理目的是使云母能分散于水中呈均匀悬浮的鳞片状浆料。并水洗除去水溶性杂质，以满足造纸工艺的要求。化学处理工艺包括酸碱法、碳酸铵法和酸法等。

酸碱法：云母熟料不经冷却就浸入浓度2%~3%盐酸或硫酸溶液中，时间10~60 min。由于碳酸钠与盐酸或硫酸的中和反应，会产生大量的CO_2气体，将促使云母片剧烈膨胀，然后经机械搅拌，加水洗涤制成云母浆。

碳酸铵法：云母熟料浸于碳酸铵溶液中，然后将云母熟料取出置于反应釜中，加热到100~400 ℃，使碳酸铵分解产生CO_2使云母膨胀碎裂成浆。

酸法：云母熟料浸于2%~5%的稀酸（硫酸、盐酸或磷酸）中，加热处理，经洗涤、分散、浓缩而成浆。使用硫酸时的工艺条件为：硫酸浓度2%~4%，固液比1∶8~1∶12，加热温度90~100 ℃，加热时间30~40 min。硫酸制浆的成浆率可达60%~70%。

除上述几种煅烧化学制浆法外，还有热水法、王水法、甲醛法等，国内生产粉云母纸常用硫酸法制浆，成浆率可达60%~70%。

6.2.2.2　水力制浆法

水力制浆法的工艺流程是：云母碎料的分选（除杂质）→水选→水力制浆→水力旋流分级→脱水浓缩。

水力制浆法是用高压喷射水流在特制的腔体内将云母片剥离破碎成细小鳞片，然后用选矿方法将适于造纸的云母鳞片分选出来，这一过程称为水力制浆法（俗称生法）。用本法制成的天然云母纸叫生云母纸（俗称生纸）。水力制浆法工艺流程图如图6-3所示。

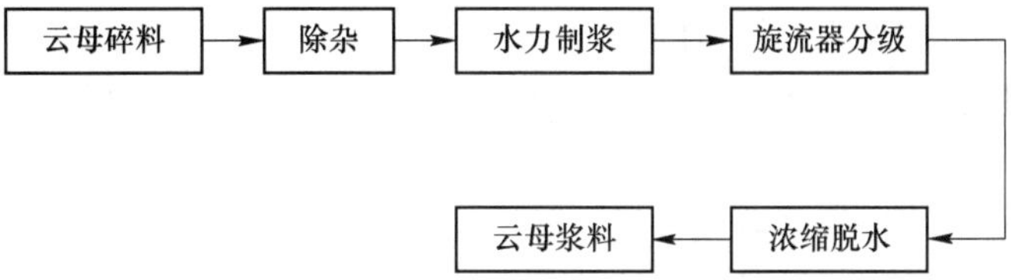

图6-3　水力制浆法工艺流程

云母原料处理与煅烧化学制浆法基本相同，但要仔细清除木屑、纸屑等轻质杂物，否则将影响云母纸质量。

水力制浆系统包括循环水池、高压水泵、加料器、浓缩分级筛、水力分级器和水力制浆机等部分。高压喷射水流将云母片沿切线方向带入制浆机的环形腔，在水力的作用下，进行分剥破碎，云母鳞片通过芯筒上的小孔或溢流排出。芯筒上孔眼的大小和数量是根据对云母浆鳞片的要求和保持流量平衡来确定的，一般孔径为 ϕ1.1～1.3 mm，其破碎、分剥率与制浆机的结构、形状、水力参数的选择和喷嘴形式有关。

水力制浆机结构示意图如图 6-4 所示。其制浆原理是以云母片与制浆机芯筒内壁的冲击破碎力达到破碎目的。该机包括内外芯筒，筒壁上开有孔眼。

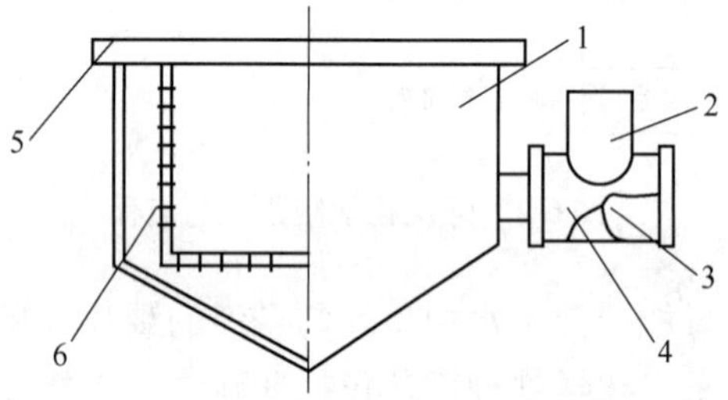

图 6-4 水力制浆机结构示意图

1—机壳；2—进料筒；3—喷嘴；4—进水管；5—盖板；6—芯筒

分级用旋流器的参数为锥角 10～20 ℃，直径 200～300 mm，水压不超过 300 kPa。云母浆脱水采用固定筛进行，筛网孔径一般为 120～200 目（0.121～0.074 mm），需根据对云母浆的要求而定。

6.2.2.3 合成云母纸的水力制浆

合成云母纸是一种耐高温（达 1000 ℃）的新型绝缘材料，具有比天然云母纸更优异的性能和更广泛的用途。最常见的是合成氟金云母纸，其纸浆以水力制浆法效果最好。但由于合成云母比天然云母硬、脆，层间有玻璃体、镁橄榄石等软硬的杂质，因此，所用水力制浆机在结构及水力参数的选择上需进行如下改造：（1）内、外芯筒间的环形空间适当缩小以利于充分分剥破碎云母；（2）增大外芯筒内表面的摩擦系数以提高云母碎片的分剥破碎效率；（3）为了减少高压水流的压头损失和防止杂质堵塞孔眼，外芯筒壁不开小孔；（4）将云母碎片的分剥破碎与分级初步结合起来；（5）所用流体压力比天然云母水力制浆高 60% 以上，流量则减少 1/3～1/2；（6）制浆用水需净化，最好用软化水。

6.2.2.4 大鳞片云母纸的制浆

大鳞片云母纸是一种既有粉云母纸的优点、又有贴片石母优点的云母绝缘材料。它是采用比一般云母纸中的鳞片大得多的云母鳞片制造的。常用的制浆方法也是水力制浆法。它与一般再生云母纸水力制浆工艺比较，有如下特点：（1）原料的选取和净化有严格的要求；（2）增加水力制浆机外芯筒内表面的摩擦系数；（3）所用云母浆鳞片的大小和厚度由调整水力旋流器的工作参数和分级筛的网目来实现。

云母纸的抄造工艺：云母纸的抄造工艺流程如图 6-5 所示，云母浆料要求使用符合标准的水（以软水为好）稀释成 2%～3% 浓度的浆液。由提浆泵送入抄纸机，制成云母纸。

经过压榨脱水率达到98%以上，使云母鳞片紧密叠合，提高云母纸的电性能和抗拉强度。干燥工艺是为了保持云母纸的绝缘性能。经过这些工艺后，云母纸的水分含量约为0.2%~0.5%。

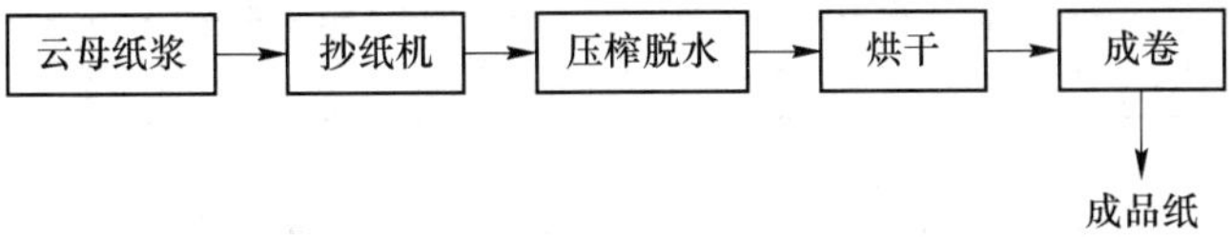

图6-5　云母纸抄造工艺流程

6.2.3　云母纸的品种

根据云母纸所选用的原材料及加工工艺的不同，云母纸被分为MPM1(501)、MPM2(502)、MPM3-b(505)、MPM3-L1(506)、MPM4(P506)、MPS5(S506)等型号，详情如表6-6所示。

表6-6　云母纸的品种

云母纸型号	说　明
MPM1(501)	以煅烧白云母为原料，化学法制浆制成的云母纸
MPM2(502)	以煅烧白云母为原料，机械法制浆制成的云母纸
MPM2-1(502-1)	以煅烧白云母为原料，化学法和机械法制浆制成的云母纸
MPM3-b(505)	以非煅烧白云母为原料，机械法制浆并加入少量胶黏剂制成
MPM3-L1(506)	以非煅烧白云母为原料，机械法制浆制成鳞片较大云母纸
MPM3-L2(507)	以非煅烧白云母为原料，机械法制浆制成鳞片较小云母纸
MPP4(P506)	以非煅烧金云母为原料，机械法制浆制成的云母纸
MPS(S506)	以人工合成云母为原料，机械法制浆制成的云母纸

6.3　云　母　粉

6.3.1　云母粉的性质及用途

云母粉具有绝缘性好、耐热性好、耐酸碱侵蚀、热膨胀系数小等优点。无论破碎到什么程度均呈片状，具有良好的弹性、韧性。云母粉滑动性较好，覆盖性较强，附着力也较强。天然云母粉的物理和化学性质分别列于表6-7和表6-8中。

表6-7　超细云母粉的物理性质

种类	密度/g·cm^{-3}		硬度(莫氏)	折光率	白度/%	热导率/℃·m^{-1}	粒度特征	细　度	
	密度	容重						<(μm)	+325目(0.043 mm)
气流磨	2.88	0.3	2.5	1.572	85	0.146	表面光滑	150	<0.5
振动磨	2.88	0.55	2.5	1.572	80	0.218	表面粗糙	15	<0.5

表 6-8　超细云母粉的化学性质

种类	含水量/%	pH 值	HCl 可溶物/%	水容物/%	吸油量/%	游离铁含量/%	砂石含量/%
气流磨	<1.0	7.8	4.0~8.0	0.3~0.5		$<2\times10^{-5}$	<0.5
振动磨	<1.0	7.8	15.0~19.0	1.0~1.5	4.5~5.0	1.0~1.2	<0.5

云母粉的用途与其细度有关，如 8~20 目（2.361~0.833 mm）云母粉多用于油毡等材料中，也用于电缆包裹层及类似用途，这方面云母粉用量很大。40~50 目（0.351~0.282 mm）云母粉用于电焊条生产。60~120 目（0.246~0.121 mm）云母粉是生产云母陶瓷的基本原料。100 目或更细云母粉用在油漆、橡胶、塑料等工业中。200 目以及 325 目以下的超细云母粉作为云母钛珠光颜料的基体。除以上用途外，云母粉还用在油井钻探时作封闭井孔材料，浇铸金属时做模型涂料；防冻、防晒漆膏的添加剂；电镀槽涂料；化妆品的脱脂粉中的填料；铝制品的擦光剂；密封漆灰的掺合剂；干粉灭火器中粉料的悬浮剂；在塑料薄膜中，可提高薄膜的抗涨度、伸长率、直角撕裂强度等，指标达到并超过标准。

6.3.2　云母粉的生产工艺

云母粉的生产工艺分为干法和湿法两种工艺。

6.3.2.1　云母粉的干法生产工艺

干法生产工艺的工艺流程如图 6-6 所示。

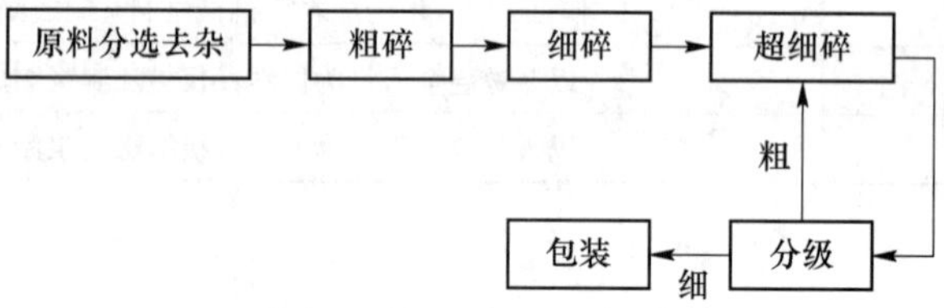

图 6-6　云母粉干法生产工艺流程

原料分选去杂：对云母原料因含有较多杂质，需先用选矿方法进行净化处理，以清除其中的杂质，如砂石、斑点等。

粗碎：要求排料粒度应小于 25 mm，最大者不超过 40 mm。粗碎设备一般为锤式破碎机。

细碎：要求排料粒度小于 2 mm，少量过粗粒允许 2~4 mm 范围内，其中 −20 目应占总量的 90%~95%，−100 目占总量的 40%~60%，−325 目占总量的 10%~15%。细碎设备一般用万能粉碎机，对要求不高的云母粉，也可用电动钢磨作为细碎设备。

超细碎设备：振动球磨机的最大入料粒度为 2 mm，气流磨为 1 mm，超细碎常与分级设备形成闭路系统。

分级：根据对云母粉的不同粒度要求选择分级设备，粒度较粗时可用平面振动筛、悬吊筛、圆形振动筛。对细粒（超细）产品一般采用空气分级，如采用微细分离器或旋风分离器。

6.3.2.2 云母粉的湿法生产工艺

湿法生产云母粉时，生产过程中对云母表面特性的破坏较小，其产品的径厚比大，表面光滑，反射能力强，云母鳞片细，强度大。湿法生产的云母粉质量优于干法生产的云母粉的质量。此外，湿法生产时无粉尘，劳动条件好。缺点是增加了脱水及干燥工序，增加电耗和成本。

湿法云母粉在油漆、颜料、润滑剂、橡胶、树脂、珠光颜料、化妆品、云母增强塑料中均有广泛应用，其售价比干法云母粉售价高出数倍。

湿法云母粉生产工艺如图 6-7 所示。

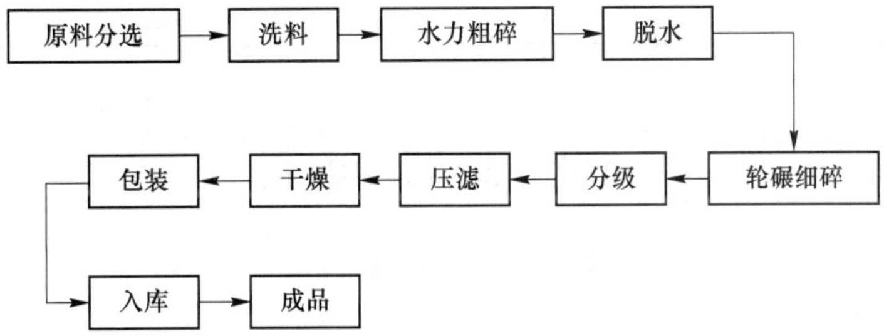

图 6-7 湿法云母粉生产工艺流程

原料分选与干法相同，洗料在圆筒筛或振动筛中进行，此后，在水力破碎机中碎成较小的鳞片，再经离心机脱水后进入轮碾机中细碎，分级可用水力旋流器或者沉降法，压滤要求滤饼含水 25% 左右，干燥后含水小于 1% 。

6.3.3 云母粉的质量标准

涂料、橡胶、塑料及其他特种制品所用的超细云母粉质量标准分别如表 6-9 ~ 表 6-12 所示。

表 6-9 涂料用超细云母粉

指标名称	牌号	
	Ⅰ	Ⅱ
颜色	白色	白色
水分/%	≤1.5	≤1.5
细度：100 目筛余量/%	≤0.1	≤0.1
200 目筛余量/%	—	≤5.0
325 目筛余量/%	—	—
pH 值	7.5 ~ 8.0	7.5 ~ 8.0

表 6-10 橡胶用超细云母粉

指标名称	牌号
	Ⅰ
颜色	白色
水分/%	≤1.5
砂石含量/%	≤0.1
细度：100 目筛余量/%	≤0.1
325 目筛余量/%	≤5.0
磁选物含量/g · kg^{-1}	≤0.05

表 6-11 塑料用超细云母粉

指标名称	牌号	
	Ⅰ	Ⅱ
颜色	白色	白色
水分/%	≤1.5	≤1.5
pH 值	7.5~8.0	7.5~8.0
细度：120 目筛余量/%	—	≤0.1
200 目筛余量/%	≤3.0	—
325 目筛余量/%	≤5.0	—
磁选物含量/$g \cdot kg^{-1}$	≤0.05	≤0.02

表 6-12 特种制品用超细云母粉

指标名称	牌号
	Ⅰ
颜色	白色
水分/%	≤1.5
细度：180 目(0.08 mm)筛余量/%	≤0.1
325 目筛余量/%	≤5.0
容重/$g \cdot cm^{-3}$	0.2~0.3
磁选物含量/%	≤0.02
砂石含量/%	≤0.1
pH 值	7.0~8.0
HCl 可溶物含量/%	≤10.0

6.4 云母陶瓷

云母陶瓷分为天然云母陶瓷和合成云母陶瓷两类，天然云母陶瓷又称为云母玻璃，合成云母陶瓷又称为云母塑料。

通常，云母先经粉碎然后与特种玻璃粉或其他无机粉料按一定比例混合，经压坯、焰烧、成型（热压或注射）、退火等工艺制成。它是一种复合物，兼有云母、陶瓷、塑料三者的优点；即既可像塑料那样热塑，又具有云母的优良电气绝线性和可加工性，还具有陶瓷的耐高温等特性，是一种具有多种性能的材料。

6.4.1 云母陶瓷的性质及应用

云母陶瓷为一种优良绝缘材料。

6.4.1.1 电性质

云母陶瓷绝缘电阻高，介电强度大，同时还具有很好的抗电弧性，因此，可应用于大电流断路器的隔弧装置中。

6.4.1.2 热性质

云母陶瓷的耐热性介于塑料与陶瓷之间，天然云母陶瓷可在 350 ℃下长期使用，合成云母陶瓷可在 500~700 ℃下长期使用，瞬时温度可达 2000 ℃。各种云母陶瓷在此温度下使用，不老化、不变形、尺寸稳定、性能可靠、抗热冲击性良好。云母陶瓷的热膨胀系数可根据需要进行调整，可与金属匹配，并封接在一起。云母陶瓷表面上还可镀铜、银、金等金属。

6.4.1.3 加工性

云母陶瓷最突出的优点是可用普通机床，普通切削刀具进行车、铣、刨、磨、钻等加工。云母陶瓷的这个特性非常有利于科研设计单位非标堆绝缘零件的制作，它使制造形状复杂、尺寸精确的陶瓷部件有了可能。

此外，云母陶瓷成型后不收缩、不变形、耐腐蚀、抗辐射、抗潮湿、不受紫外线及臭氧等的影响。

云母陶瓷主要用在电器设备中作绝缘件、消弧器，并在邮电、无线电、宇航中广泛应用。

6.4.2 云母陶瓷的生产工艺

云母陶瓷的生产工艺主要有热压成型工艺和注射成型工艺两类。

6.4.2.1 热压成型工艺

热压云母陶瓷成型工艺流程如图 6-8 所示。热压成型的特点是能压制形状复杂的平板型大面积制品，该工艺设备简单、操作方便、生产效率高，是云母陶瓷生产的一种主要成型手段。

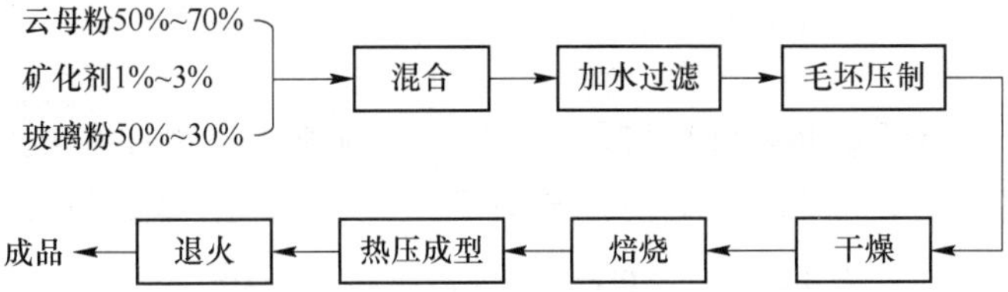

图 6-8 云母陶瓷热压成型工艺流程

原料要求：天然云母粉中砂石含量≤0.1%，水分≤1.5%，pH 值 7~8，磁选物含量≤0.02%，HCl 可溶物含量≤4%。合成云母粉中云母粉含量>98%，橄榄石、莫来石<0.5%，玻璃相<0.8%，Fe、Ca 杂质<0.2%，磁化物<0.02%，其他<0.2%。玻璃粉常用无碱玻璃粉，如铅玻璃、硼玻璃、铅硼钠玻璃、超白玻璃、K_2SiF_6-Al_2O_3 玻璃。矿化剂的作用降低颗粒表面活化能，促进云母粉与玻璃结合。生产过程中还能降低焙烧温度，有利于成型和改善产品性能。常用的矿化剂有 Na_3AlF_6、K_3AlF_4、K_2CO_3、Na_2CO_3、AlF_3、PbF_2 等。

加水过滤：对已经混匀的物料，加入 7%~9% 的水作毛坯成型时的暂时黏结剂。搅混后的物料再经过一次粗筛，目的是使团块散开、原料疏松、水分均匀。

毛坯压制：在普通液压机上将物料压成与产品相似的毛坯，一般毛坯厚度为产品厚度的 1.8~2.0 倍。

干燥：毛坯在室温下自然干燥 5~10 天，然后，在 120~150 ℃下干燥 4~8 h，也可采用红外加热进行干燥。干燥时间应根据毛坯的面积与厚度决定。

焙烧：目的是使毛坯中的玻璃料软化，形成良好的可塑性。对天然云母和高熔点玻璃，焙烧温度为 600~700 ℃；对合成云母和高熔点玻璃，焙烧温度为 900~1100 ℃。

热压成型：对焙烧好的毛坯从炉中取出后，迅速投入模腔内，趁热加压，并恒压使其固化定型，然后经炉内退火即可。

退火：目的是消除热压成型固化冷却过程中产品本身的不均匀性和残余热应力，否则易使产品产生裂纹及龟裂现象，影响产品质量，严重时产品报废。退火时入口处温度应与脱模时产品温度相近，然后，温度均匀递减，随产品在炉中匀速向前推进，温度也越来越低，当温度低于60 ℃时即可取出，一般起始退火温度为450 ℃，降温速度为20 ℃/h。

6.4.2.2 注射成型工艺

基本原理：合成云母陶瓷能注射成型是由其物料组成特性决定的。它的主要成分是玻璃黏结剂和合成云母粉。其中玻璃经过加热会逐渐软化直至熔融。在合成云母陶瓷的组成中，由于玻璃成分（质量占50%以上）的存在，使其在热压作用下具有可塑性和流动性。在加热过程中，玻璃成分首先熔化，并包围合成云母粉颗粒，在压力作用下，玻璃液携带云母粉颗粒向模腔流动。

注射成型生产工艺流程如图6-9所示。

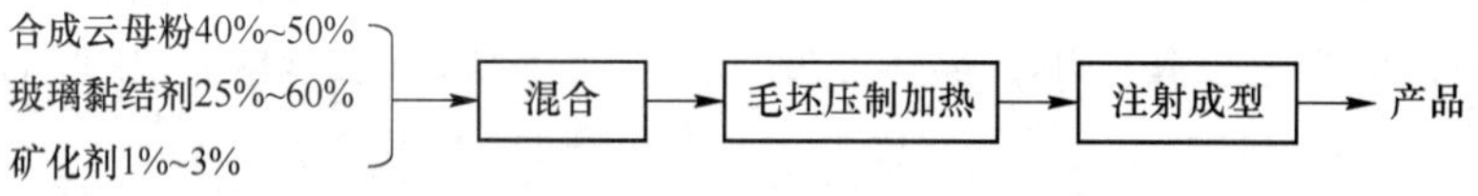

图6-9 合成云母陶瓷注射成型工艺流程

配料：注射成型由于要求物料必须具有较好的流动性，所以在配方方面与热压成型有所不同，主要是玻璃黏结剂的用量不同。表6-13是注射成型合成云母陶瓷的几个配方。

表6-13 注射成型的合成云母陶瓷配方

成　分	黏结剂/%		
	$Al_2O_3+K_2SiF_6$	铅硼玻璃	超白玻璃
玻璃黏结剂	25+25	60	60
合成云母粉	25+25	40	40

物料粒度：若云母粉颗粒太粗，则注射阻力加大，不利于流动；若云母粉颗粒太细，则溶于玻璃液中的云母数量增加，使产品中的玻璃相比例增高，易造成龟裂。实验证明，云母粉的最佳粒度组成为云母粉粒度均为-80目（0.175 mm），其中-80目至+120目（0.175~0.121 mm）占50%。

毛坯压制及加热：用于注射成型的毛坯一律根据注射成型机的大小压成圆柱状。压制过程中的工艺条件可参考热压成型工艺条件。

注射成型：先预热模具，待模具达到预定温度之后，再调整好压铸机的压射力度和注射速度。将预热好的料坯迅速移入注射机的料缸中，立即将压头压下，使物料经过喷射口注入模腔中，并恒压1~2 min，待物料在模腔中降温、固化、定型。然后抬压头，开启模具取出制品，移入退火炉进行退火。

退火：退火的目的、条件、方法、退火设备等均与热压工艺基本相同。但需注意的是有金属镶件的注射成型产品，退火时温度应不使金属件受到破坏，并防止金属氧化。所以，一般退火温度要低些，退火时间要长些。

产品整理：注射成型后的工件，由于成型方法的特点，产品必然带有浇道的料柄、出气槽或溢料槽的飞边等多余物。这些部分退火后必须除去，尤其是浇道的料柄，占有相当的体积，需进行切割，这些都称产品整理。

产品检验：对于异型产品，每个品种均有各自的质量标准，可根据具体标准检验。对各种产品也有共同的标准，它们是材料的各项性能指标和产品的外观质量。性能指标是用制作标准试样进行测试来确定。外观质量则靠检验人员的经验来检查，其中包括下列各项：(1) 产品有无裂纹；(2) 产品有无清脆的金属声响；(3) 产品表面有无玷污和缺陷；(4) 金属镶件是否牢固；(5) 金属件表面是否被氧化，等等。有上述缺陷的产品应作为废品剔除。

注射成型产品的特点：注射成型产品与热压成型产品相比，其特点是可生产形状更为复杂的产品，可镶嵌金属件，产品表面光滑，后加工量少，缺点是注射成型产品有一定数量的余料，一般是将余料粉碎后筛分获得 -120 目细粉，再按 10% ~ 20% 的量加入配料中。

6.5 云 母 塑 料

6.5.1 概述

云母塑料是以热塑性树脂或热固性树脂为基体，以云母为增强材料（填料）的一种新型复合材料。其特点是片状云母使塑料在二维方向上得到增强。可用于做塑料的云母产品如表 6-14 所示。

表 6-14 塑料填料用云母产品 (%)

级别	粒度/目							径厚比	视在密度 /g·cm^{-3}
	+10	-10 至 +20	-20 至 +40	-40 至 +100	-100 至 +200	-200 至 +325	-325		
20S	痕	75	25	痕	痕	痕	痕	90	0.22 ~ 0.26
40S	痕	痕	80	20	痕	痕	痕	90	0.26 ~ 0.32
60S		痕	痕	75	15	5	5	70	0.14 ~ 0.21
150S			痕	35	65	痕	痕	65	
325S					痕	15	85		0.18 ~ 0.21
50H	痕	痕	18	78	4	痕	痕		0.14 ~ 0.21
200HK			痕	2	35	18	45	50	0.14 ~ 0.21
325HK					痕	8	92		0.14 ~ 0.21

注：10 目、20 目、40 目、100 目、200 目、325 目分别为 1.651 mm、0.833 mm、0.63 mm、0.147 mm、0.074 mm、0.043 mm。

6.5.2 云母塑料的特性

云母塑料的性质取决于云母鳞片的直径、径厚比、云母与基体树脂的混合比、界面黏结强度、成型方法和成型条件等。

力学性质：由于混入云母塑料的弹性模量显著增高，抗拉强度、抗弯强度也增高，但是云母与基体树脂的界面结合强度显然受制品中云母取向的影响。基体树脂延展性下降。冲击强度因测定方法而不同：一般情况下缺口冲击强度不能达到玻璃纤维增强塑料的水平；而用落球冲击测定时，云母增强塑料的强度比玻璃纤维增强塑料还要好。为了改进云母增强塑料的缺口冲击强度，可在云母中添加适量的玻璃纤维。

热性质：由于用云母塑料，使制品的热膨胀系数、制品的收缩率在各个方向相同地下降，而不像纤维增强热塑性塑料那样，在不同方向有不同的收缩率。云母塑料制品的翘度、弯曲度极小，这是与纤维增强塑料相比的最大特点。云母增强塑料的热形变温度随着云母的混合率增加而增高，同时云母与树脂基体间的界面结合对它的影响也很显著。

电性质：云母塑料具有优异的电气绝线性，它的击穿电压高，介电常数大，损耗因数小，耐弧性好。对大多数电气器来说，云母显然比其他任何填充剂好。同时云母的吸湿性很低，再加上硅烷偶联剂的使用，对在潮湿环境中保持它的力学性能和电性能都是有益的。

化学稳定性：云母塑料的化学稳定性是极好的，它的耐碱性和耐有机溶剂性极好，耐酸性也比一般矿物好。由于云母良好的化学稳定性和云母鳞片形状起阻挡液体的作用，使云母不饱和聚酯、云母环氧树脂可作防腐蚀涂层。

此外，云母塑料的耐辐射性能等都有显著改善，密封性能提高，并具有一定的阻燃性。

6.5.3 云母塑料的生产工艺

云母鳞片的制备：所用云母粉要求径厚比越大越好，一般径厚比大于 30 可作填料，最佳径厚比应大于 100，实验室可制得径厚比大于 300 的云母粉。以湿法生产的云母粉为佳。

云母鳞片的表面处理：未经处理的云母，与树脂黏结能力很差，因此，先用偶联剂对云母粉进行表面处理。常用的偶联剂如表 6-15 所示。

表 6-15 常用偶联剂

名称	化学名称	化学式	备注
A-151 乙烯硅烷黏附促进剂	乙烯基三乙氧基硅烷	$CH_2=CHSi(OCH_2CH_3)_3$	存放时间无限，毒性小，对皮肤有刺激
A-172 乙烯硅烷黏附促进剂	乙烯基三（β-甲氧基乙氧基）硅烷	$CH_2=CHSi(OCH_2CH_2OCH_3)_3$	存放时间无限，毒性小，对皮肤有刺激
A-174 硅烷黏附促进剂	σ-异丁烯酰氧丙基三甲氧基硅烷	$CH_2=C(CH_3)CO_2C_3H_6Si(OCH_3)_3$	存放时间 1 年，无毒，转变成甲、乙醇
A-1100 氨基烷基硅烷黏附促进剂	σ-氨基丙基三乙氧基硅烷	$NH_2C_3H_6Si(OCH_2CH_3)_3$	存放时间无限，潮湿诱发聚合，灼伤眼睛

云母塑料的制造方法：常使用注塑成型、挤压成型、加热成型等方法生产云母塑料。

6.6 珠光云母

6.6.1 概述

珠光云母是将湿法粉碎的超细云母粉，在其表面覆盖一层具有珍珠光泽的色泽而制成的一种无机颜料，特点是被涂覆的物体具有珍珠光彩。珠光云母的生产方法常采用在云母颗粒表面涂覆 TiO_2 或氧化铁等金属氧化物。通常涂有氧化钛和金红石的云母颜料称为云母钛珠光颜料，简称为云母钛。云母钛珠光颜料具有耐酸、耐碱、耐热；本身不自燃、不助燃、不导电；优良的耐光性、耐候性，不溶于水，无毒的特性。云母钛珠光颜料按用途可分为三大类：银白珠光颜料，幻彩（虹彩）珠光颜料和着色珠光颜料，云母钛的性质如表 6-16 所示。云母钛用于高档涂料、油漆、塑料、橡胶、染料、陶瓷、造纸、皮革、印刷、装饰品、化妆品、包装等方面，为具有良好前景的新型矿物颜料。

表 6-16　云母钛性质

项　目	云母钛	
	TiO_2	云母
折射率	2.3	1.5
比重	3.5	2.8
粒度/μm	0.045～0.07	5～140
粒子厚度/μm	0.06～0.17	0.1～1.0
耐热性	优	优
耐光性	优	优
耐硫化性	优	优
耐药品性	溶于热浓硫酸	溶于氟化氢
耐溶剂性	优	优

6.6.2　云母钛的生产工艺

云母钛制备技术，主要有加碱法、加热水解法和缓冲法等。云母钛的生产工艺流程如图 6-10 所示。可分为三个步骤：制鳞片状云母，在云母颗粒表面涂覆二氧化钛和熔烧。

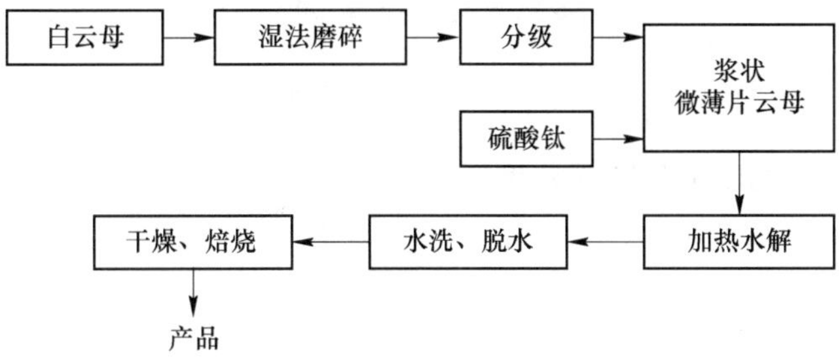

图 6-10　云母钛生产工艺流程

（1）制鳞片状云母颗粒。生产珠光云母的云母原料要求严格，当云母粒度在 40 μm 以上时，光泽较强，但得不到均匀的艳光，当云母为 5～2 μm 时光泽较弱，可得到均匀的艳光，当云母为 5～10 μm 时透明感增加，光泽也大为改观。目前国际市场上出售的云母钛粒度主要为 5～15 μm，5～30 μm，10～60 μm，10～40 μm 四个等级。另外，要求云母颗粒的径厚比尽可能地大。一般采用湿磨云母粉为原料。

（2）在云母颗粒表面涂覆二氧化钛水化物。涂 TiO_2 的方法：通常是将云母制浆，再进行覆盖，如珠光白颜料是用 H_2PO_4 处理矿浆中的云母表面，并经水解形成的 H_2TiO_3（水解 $TiCl_4$）黏结在一起后烘干。实验室生产白云母颜料的方法：将云母（10～40 μm）用水清洗，用2.5% HCl 在60 ℃下处理40 min，用水清洗，在500 g 含有5% H_3PO_4 中蒸煮30 min，再用水冲洗，取20 g 净化云母，1.5% H_2SO_4 420 g，冰42 g 和18 g $TiCl_4$，然后，混合回流加热60 min，即可得到镀有 $Ti(OH)_4$ 的云母，再用水和碱清洗，在100 ℃下干燥30 min，即得到27 g 云母颜料，取其中20 g 在水中加热至80 ℃后，与20 mL 含有16%的 $Al_2(SO_4)_3$ 溶液混合，用10%的碳酸氢铵：28%氢胺：水为1：1：18 进行中和到pH＝7，清洗后在150 ℃下干燥，便得到具有珠光的白色颜料。

（3）熔烧。目的是使氧化钛水合物结晶。

6.6.3 云母钛的用途

云母钛具有无毒、性质稳定、密封性好、不漏气、色彩优良、光泽优良等特点，因此，具有广泛的用途。并使以往以铅类珠光颜料领域发生了很大的变化。云母钛的主要用途为：

（1）塑料物品。化妆品和食品容器，日用杂品等。

（2）纽扣。如丙烯酸类塑料纽扣。

（3）建材。如瓦、墙体材料。

（4）皮革。如皮鞋、拖鞋等。

（5）化妆品。如辅助化妆品香皂、指甲油。

（6）装潢。自行车架、化妆品容器等。

（7）印刷。化妆品标签、包装纸、容器等。

（8）涂料。汽车的涂料，汽车外漆及建筑涂料。

学习思考题

6-1 简述云母的性质和用途。

6-2 论述片状云母的加工工艺流程。

6-3 简述煅烧化学制浆法的原理及其工艺流程。

6-4 云母粉的性质及用途是什么？

6-5 简述云母粉的生产工艺。

6-6 论述云母陶瓷的性质及应用。

6-7 简述云母塑料的特性。

6-8 珠光云母是指什么？简述其生产方法及应用。

6-9 论述云母钛的生产工艺流程。

6-10 简述云母钛的主要用途。

7 黏 土 矿 物

❖ 本章提要

本章全面介绍黏土和黏土矿物的基础知识及其物理化学性质。详细探讨包括高岭石、蒙脱石、坡缕石、海泡石、累托石、硅藻土以及伊利石在内的多种黏土矿物。通过深入了解这些矿物的特性，能够更好地理解它们在陶瓷制造、建筑材料、吸附分离、土壤改良等多个领域中的广泛应用。本章旨在为学习者提供黏土矿物方面的综合知识，为其在后续学习和实践中奠定坚实基础。

7.1 黏土和黏土矿物

7.1.1 黏土

黏土是由含水的铝硅酸盐矿物为主要成分组成的混合物。黏土是对应岩石而言的，一般称为矿物的对象是指单一晶体，而岩石是指不同矿物晶体的集合体。黏土具有以下的特性：

（1）组成黏土的颗粒很细，粒径小于0.002 mm。

（2）黏土为各种黏土矿物的集合体。

具有独特的物理性质：可塑性、黏结性、稀释性、流变性、烧结性、耐火性、吸水膨胀性、阳离子交换性等。不同成分不同产地的黏土表现出的特征不尽相同。如高岭土显示出高耐火性、可塑性及烧结性；而膨润土的突出特性是黏结性、吸水膨胀性及可塑性。但不论何种黏土调水后均可形成软泥，可塑成型，高温下能烧结成致密坚硬的物品。

（3）黏土固结后能形成泥岩、页岩、泥板岩等半硬质岩。

对黏土的解释与定义不同专业有不同的强调重点。如陶瓷工业强调灼烧时黏土的固结特性；农业强调黏性及有机物性能、保水性能；石油工业强调膨胀性、胶体性及广泛的适应性。

7.1.2 黏土矿物

黏土矿物是一种含水硅酸盐或铝硅酸盐矿物，它们的化学成分中，除水外一般还含有大量的 SiO_2 和 Al_2O_3，有些还含有一定量的 Fe_2O_3、MgO 及少量的 K_2O、Na_2O、CaO 等。

黏土矿物是构成黏土的主体，黏土的各种特性均来源于黏土矿物。黏土矿物大体上可分为结晶质与非晶质两类。结晶质矿物都是层状硅酸盐，形态有板状（层状、片状）和纤维状两种，主要为板状，晶质黏土矿物依据如下方面进行分类：结构层型分为 1∶1 型或 2∶1 型；按层间物分为有无可交换阳离子等（表7-1，其中 x 为层电荷数）。非晶质矿物不同程度混合于晶质黏土矿物中。研究表明大部分黏土矿物是晶质矿物，在它们的晶体结构中主要是 Si—O 四面体与 Al—O(OH) 八面体复合组成的层状格子，彼此重叠而成。

表 7-1 与黏土矿物相关的层状构造硅酸盐矿物分类表

层型	层间物	族	亚族	矿物（举例）
1∶1	无或仅有 H_2O	蛇纹石-高岭石，$x=0$	蛇纹石	纤蛇纹石、利蛇纹石
			高岭石	高岭石、迪开石、珍珠石
2∶1	无	滑石-叶蜡石，$x=0$	滑石	滑石、镍滑石
			叶蜡石	叶蜡石
	水化可交换阳离子	蒙皂石，$x=0.2\sim0.6$	皂石	皂石、锂皂石、锌皂石
			蒙脱石	蒙脱石、贝得石、绿脱石
	水化可交换阳离子	蛭石，$x=0.6\sim0.9$	三八面体	三八面体蛭石
			二八面体	二八面体蛭石
	非水化阳离子	真云母，$x=0.5\sim1.0$	三八面体	金云母、黑云母、锂云母
			二八面体	白云母、伊利石、海绿石
	非水化阳离子	脆云母，$x=2.0$	三八面体	绿脆云母
			二八面体	珍珠云母
	氢氧化物	绿泥石，x 不定	三八面体	斜绿泥石、镍绿泥石
			二八面体	顿绿泥石
2∶1	可变	无	无	钠板石、柯绿泥石
变1∶1	无	无，$x=0$	无	叶蛇纹石、铁蛇纹石
变2∶1	水化可交换阳离子	海泡石-坡缕石，x 不定	海泡石	海泡石、纤钠海泡石
			坡缕石	坡缕石
	可变	无，x 不定	无	铁滑石、黑硬绿泥石

黏土矿物在自然界中的产出状态（产状）有三种，即土壤及风化岩，由热液、温泉形成的岩脉、矿脉及其蚀变围岩，现代沉积物和沉积岩。从这三种产状考虑，可以把生成黏土矿物的作用简单地概括为：风化作用（风化黏土矿物）、热波、温泉作用（蚀变黏土矿物）和沉积作用、成岩作用（自生黏土矿物、成岩黏土矿物）。

7.2 黏土矿物的物理化学性质

黏土矿物由于其微粒性，矿物的一般物理性质如硬度、密度等常见性质退居第二位，取而代之的是黏土矿物的特性，即黏土矿物的吸附性、离子交换性、膨胀性、分散性、凝聚性、稠性、黏性、触变性和可塑性等。黏土矿物的这些特性是由于黏土矿物的不饱和电荷、大比表面积和存在于层间域内的水和阳离子所决定的。

7.2.1 吸附性

黏土矿物的吸附性是指黏土矿物截留或吸附固体、气体、液体及溶于液体中物质的能力。吸附性是黏土矿物的重要特性之一。吸蓝量和脱色力可表征黏土矿物吸附性的大小，它们是黏土矿物性质的重要技术指标。吸蓝量是指每 100 g 黏土矿物所能吸附甲基蓝的量

(以 mmol 表示)。脱色力 (T) 是指相同条件下，黏土矿物试样与标样的脱色效果相同时，标样用量 (W_1) 与试样用量 (W_2) 之比与标样脱色力 ($T_{标}$) 之乘积，即：

$$T = T_{标} \times \frac{W_1}{W_2} \tag{7-1}$$

黏土矿物的吸附性按照引起吸附的原因不同可以分为三类：物理吸附、化学吸附和离子交换吸附。

7.2.1.1 物理吸附

物理吸附是指吸附剂与吸附质之间是由于分子间引力作用而产生的吸附，由氢键所产生的吸附也属物理吸附。物理吸附是可逆的，在吸附发生一定时间之后，其吸附速度和解吸速度在一定温度、浓度条件下呈动态平衡状态。

黏土矿物产生物理吸附的原因是它具有很大的比表面积，因此吸附能力很强。表 7-2 为部分黏土矿物的最大比表面积。

表 7-2 部分黏土矿物的最大比表面积

黏土矿物	比表面积/$m^2 \cdot g^{-1}$		
	内比表面积	外比表面积	总比表面积
蒙皂石	750	50	800
蛭石	750	<1	750
绿泥石	0	15	15
高岭石	0	15	15
伊利石	5	25	30

7.2.1.2 化学吸附

化学吸附是指由吸附剂与吸附质之间的化学键力作用而产生的吸附。阴离子聚合物可以靠化学键吸附在黏土矿物表面上，吸附的方式有以下两种情况：(1) 黏土矿物晶体边缘带正电荷，阴离子基团可以靠静电引力吸附在黏土矿物的表面上；(2) 介质中有中性电解质存在时，无机阳离子可以在黏土矿物与阴离子型聚合物之间起“桥接”作用，使高聚物吸附在黏土矿物的表面上。

7.2.1.3 离子交换吸附

黏土矿物通常带有不饱和电荷，根据电中性原理，必然有等量的异号离子吸附在黏土矿物表面上以达到电性平衡。这种吸附在黏土矿物表面上的离子可以和溶液中的同号离子产生交换作用，这种作用即为离子交换吸附。最常见的交换有阳离子 Ca^{2+}、Mg^{2+}、H^+、K^+、NH_4^+、Na^+、Al^{3+} 及阴离子 SO_4^{2-}、Cl^-、PO_3^{2-} 和 NO_3^- 等。根据交换离子的电性不同，离子交换吸附又分为阳离子交换吸附和阴离子交换吸附。

A 阳离子交换吸附

阳离子交换容量是指每 100 g 黏土矿物在一定的 pH 值条件下能够吸附交换的阳离子数量，它是黏土矿物负电荷数量的量度。通常是指在 pH = 7 的条件下，黏土矿物所能交换下来的阳离子总量。阳离子交换容量 (*CEC*) 的单位为 mmol/100 g，即每 100 g 干样品所交换下来的阳离子毫摩尔数。

黏土矿物负电荷主要由两方面的原因引起。一是结构中的类质同象代替；二是边缘和外表面的破键。前者与 pH 值无关，后者与 pH 值有关。黏土矿物一般都带有净负电荷。

黏土矿物的种类不同，其阳离子交换容量也有很大差别。对于蒙脱石、伊利石、蛭石等矿物阳离子交换容量的 80% 以上是分布在层面上（其负电荷主要是源于边缘羟基键的水解）。表 7-3 列出了主要的黏土矿物的成分和它们的阳离子交换容量。

表 7-3 主要黏土矿物的阳离子交换容量

矿物	晶体化学式	CEC/mmol · 100 g^{-1}
高岭石	$Al_4[Si_4O_{10}](OH)_8$	1 ~ 10
蒙脱石	$E_x\{Al_{2-x}Mg_x[Si_4O_{10}](OH)_2\}\cdot nH_2O$	80 ~ 140
伊利石	$K_x\{Al_2[(Al_{1-x}Si_{3+x})_4O_{10}](OH)_2\}$	10 ~ 40
绿泥石	$(Mg,Al)_3(OH)_6\{(Mg,Al)_3[(Si,Al)_4O_{10}](OH)_2\}$	5 ~ 30
蛭石	$E_x\{Mg_3[(Al_xSi_{4-x})_4O_{10}](OH)_2\}\cdot nH_2O$	100 ~ 180
海泡石	$\{Mg_8(OH_2)_4[Si_6O_{15}]_2(OH)_4\}\cdot 8H_2O$	20 ~ 45
坡缕石	$\{Mg_2Al_2(OH_2)_4[Si_4O_{10}]_2(OH)_2\}\cdot 4H_2O$	5 ~ 20

黏土矿物的阳离子交换容量及吸附的阳离子种类对黏土矿物的胶体活性影响很大。如蒙脱石的阳离子交换容量很大，膨胀性也大，在低浓度下就可以形成稠的悬浮体，尤其是钠蒙脱石，水的膨胀性更强；而高岭石的阳离子交换容量低，其惰性就强。

影响黏土矿物阳离子交换容量大小的因素主要有三个方面：一是黏土矿物类型；二是黏土矿物的颗粒分散度，同种黏土矿物的阳离子交换容量随其分散度（比表面积）的增加而增大；三是溶液的酸碱性：一般溶液为碱性时阳离子交换容量大。这是因为铝氧八面体中的 Al—OH 键是两性的，在酸性环境中，氢氧根易电离，结果使黏土矿物表面带正电荷；在碱性条件下，氢易电离，从而使黏土矿物表面带负电荷。此外，溶液中的氢氧根增多，它可以靠氢键吸附在黏土矿物的表面上，使表面负电荷增多。

阳离子交换吸附有如下特点：一是等电量交换，即由黏土矿物表面交换出来的阳离子与被黏土矿物吸附的阳离子的电量是相等的。二是阳离子交换吸附是可逆的，吸附和解吸受离子浓度的影响。如在钻井中，钠蒙脱石泥浆遇到钙时，Ca^{2+} 便与 Na^+ 产生交换形成钙蒙脱石，并使泥浆性能变坏。这时可加入纯碱，即增加泥浆中的 Na^+，同时，Ca^{2+} 与 CO_3^{2-} 作用生成碳酸钙沉淀，大大降低了 Ca^{2+} 的浓度，此时，Na^+ 又可将 Ca^{2+} 交换回来，从而改善泥浆性能。

阳离子交换吸附的规律：一般情况下，离子浓度相差不大时，离子的电价越高，与黏土矿物表面的吸附力越强，反之，如果已经吸附到黏土矿物表面上，则价数越高的离子，越难从黏土矿物表面上被交换下来。而价数相同的离子在溶液中的浓度相近时，离子半径小的，水化半径大的，吸附力弱，反之，离子半径大的，水化半径小的，吸附力强。离子浓度对吸附的影响符合质量作用定律，即离子交换是受每一相中的不同离子的相对浓度制约的。

B 阴离子交换吸附

阴离子吸附能力的大小用阴离子交换容量来表示。定义为每 100 g 黏土矿物所能吸附的阴离子数量，单位为 mmol/100 g。阴离子交换容量可以看作是黏土矿物表面正电荷的量度。

阴离子交换吸附也具有等电量交换的特点。阴离子交换吸附的规律：（1）与表面羟基结合的 Al^{3+}、Fe^{3+} 等将吸附阴离子；（2）阴离子吸附受溶液的 pH 值影响，低 pH 值时有最大的吸附量；（3）阴离子吸附性的大小顺序为 $PO_4^{3-} > AsO_4^{3-} > SeO_4^{2-} > MO_4^{2-} > SiO_4^{2-} = F^- > Cl^- > NO_3^-$；（4）其他阴离子存在时，将引起吸附位置的竞争，有时像 Ca^{2+}、Al^{3+} 这样的一些阳离子存在可以导致不溶物形成。

常见的黏土矿物如蛭石、伊利石、绿泥石、高岭石和蒙脱石等阴离子交换容量为 4 mmol/100 g、4～17 mmol/100 g、5～20 mmol/100 g、7～20 mmol/100 g 和 20～30 mmol/100 g。

7.2.2　膨胀性

黏土矿物吸水后体积增大称为黏土矿物的膨胀性。膨胀性通常用膨胀倍数和胶质价来表征。膨胀倍数是指黏土矿物与水按比例混合后，再加入一定量的盐酸溶液膨胀后的体积与原有黏土矿物的体积之比；胶质价是指黏土矿物与水按比例混合后，加入一定量的氧化镁凝聚后形成胶体的体积。膨胀性可根据膨胀的原因分为内膨胀性与外膨胀性两种。

黏土矿物的亲水性是黏土矿物的一个重要属性。黏土矿物的许多性质都与黏土矿物——水的相互作用有关。黏土矿物表面的水化作用，即是由于黏土矿物表面上的羟基和氧原子与水分子以氢键相连接。

7.2.2.1　黏土矿物中水的存在形式

黏土矿物中的水按存在形态可分为五种类型：（1）结构水（化合水）——以（OH）形态存在于胶体结构中，具有固定的配位位置和含量比。（2）吸附水（束缚水）——由于分子间引力和静电力作用，具有极性的水分子被吸附到黏土矿物表面上，在黏土矿物表面形成一层水化膜，并随矿物颗粒一起运动。吸附水又分为薄膜水、毛细管水、强结合水和弱结合水。强结合水也称为吸附结合水，它与黏土矿物薄膜的活性中心直接水合，具有较高的黏滞性和塑性抗剪强度，弱结合水是高度水化的阳离子扩散层内的渗透吸附水。（3）层间水——包含在黏土矿物晶体层间内的水。（4）沸石水——如存在于海泡石和坡缕石结构通道中的水。（5）结晶水——如存在于海泡石和坡缕石中以中性水分子的形式作为八面体中阳离子的配位体的一部分，故又称为配位水。

结构水并不是真正的水分子，而是以 OH^- 和 H_3O^- 的形式参与组成晶体结构，并具有固定的配位位置和确定的含量比。结构水只有在高温（500～900 ℃或更高）下，才能被脱去，且常导致晶格的破坏。吸附水、层间水、沸石水和结晶水均以中性水分子的形式存在于黏土矿物之中。吸附水在黏土矿物中的含量是不定的，随环境的温度和湿度等条件而变。常压下当温度达到 110 ℃时，吸附水基本全部失去，吸附水失去后对黏土矿物的结构无影响。层间水参与组成矿物的晶格，但含量可在相当大的范围内变动，层间水的含量一方面与吸附的阳离子的种类有关，如蒙脱石，当层间阳离子为 Na^+ 时常形成一个水分子层，若为 Ca^{2+} 时则常形成两个水分子层。另一方面，层间水的含量还随外界温度、湿度的变化而变，常温下，当温度达到 110 ℃时即大量逸散，但在潮湿的环境中又可重新吸收水分，层间水的失去并不导致矿物结构单元层的破坏，却使单元层的厚度减小，从而引起晶胞参数的减小。沸石水在晶格中据确定的配位位置，其含量有一个最高的上限值，随着温度、湿度的变化，其含量在一定范围内变化，但不引起晶格的破坏。结晶水参与组成矿物晶格，有固定的配位位置和确定的含量比，一般需要较高的温度（200～500 ℃或更高）才能脱去。结晶水被脱去后矿物原有的晶格往往被破坏。

7.2.2.2 黏土矿物水化膨胀作用机理

一般黏土矿物都会吸水膨胀，只是水化膨胀程度不同。黏土矿物的水化膨胀受表面水化力、渗透水化力和毛细管作用力等影响。

表面水化引起晶格膨胀，是由于黏土矿物表面（包括外表面和内表面）上的水分子吸附作用而引起的。产生表面水化的作用力是表面水化能，第一层水分子是与黏土矿物表面或六方网环状排列的氧原子以氢键联结成六方环，第二层水分子也以类似方式以氢键联结，以后的水分子层照此继续。氢键的强度随离开表面或氧原子的距离增大而降低，一般认为这种水存在的距离为离开表面 7.5～10 nm。

表面水化水的结构带有晶体的性质，黏土矿物表面上 1 nm 以内的水的比容比自由水小 3%，黏度也比自由水大。

高岭石矿物仅能在其外表面和颗粒边缘吸附水，这种水的吸附焓相当小，周围的温度稍有增加即可蒸发掉。

蒙脱石族矿物的内表面水化和外表面水化均比较重要。当蒙脱石矿物可交换性阳离子发生水化时，引起层面间距阶梯式增大。交换性阳离子为一价阳离子和二价阳离子的水化作用行为也大不相同。交换阳离子为 Na^+ 时，蒙脱石有一系列的水化状态，水分子的层数可依湿度增加，水分子层数可按 1、2、3……增加。而阳离子为 Ca^{2+} 时，蒙脱石具有较高的水化能，使水化从一开始就形成两个水分子层。即使钙蒙脱石完全浸泡于水中，也不会使其膨胀至含有超过三个水分子层。而钠蒙脱石基本上可以不受限制地膨胀至很大的层间间距。

渗透水引起渗透膨胀。由于晶层之间的阳离子浓度大于溶液内阳离子的浓度，因此，产生渗透压，水分子扩散进入层间，形成渗透膨胀。渗透膨胀导致体积增加量比晶格膨胀时导致体积的增加量大，如在晶格膨胀范围内每克干黏土矿物样品大约可吸收 0.5 g 水，体积增大 1 倍。但渗透膨胀中，每克黏土矿物样品可吸收 10 g 水，体积增加 20～25 倍。蒙脱石族矿物的巨大的膨胀性是由于其具有巨大的内表面积和大量的可交换阳离子。高岭石、绿泥石和伊利石等矿物，非但比表面低，而且又不含层间可交换阳离子，故无论是晶格膨胀，还是渗透膨胀都不如蒙脱石族矿物。

7.2.2.3 黏土矿物水化膨胀的评价方法

黏土矿物水化膨胀的评价方法有两种：吸水量法和膨胀量法。

A 吸水量法

吸水量法：总吸水量，单位质量土吸附水的总量。

比亲水量：单位面积吸水量。

B 膨胀量法

膨胀量：单位质量黏土的膨胀体积，另外一种表示为水化应力，即体积保持不变时，水化所产生的应力效益。

7.2.2.4 影响黏土矿物水化膨胀的因素

影响黏土矿物水化膨胀性能的因素主要为负电荷的分布、阳离子交换容量和交换阳离子类型。

A 负电荷的分布

黏土矿物的晶体部位不同，水化膜厚度不同。黏土矿物所带的负电荷大部分都集中在层面上，边缘较少。因此，黏土矿物所吸附的阳离子主要集中在层面上，边缘较少。黏土矿物发生水化的原因主要是表面阳离子水化。故在黏土矿物表面的水化膜厚度也是不一样的，层面上厚，边缘上薄。

B 阳离子交换容量

一般地，阳离子交换容量越高，水化膨胀性能越好。蒙脱石的阳离子交换容量高，水化作用强，分散度高；高岭石的阳离子交换容量低，水化作用差，分散度低；伊利石由于其层间 K^+ 的特殊作用，水化作用极弱，属非膨胀性矿物。

C 交换阳离子类型

交换阳离子类型不同，水化能力不同。钙蒙脱石水化后的层间距最大为 1.7 nm；钠蒙脱石水化后的层间距可达 1.7 ~4 nm。因此，为了提高蒙脱石的水化性能，常把钙蒙脱石改性为钠蒙脱石。

不同的交换阳离子引起水化程度不同的原因是：黏土矿物结构层之间存在着两种力，一种是层间的阳离子水化产生的膨胀力和带负电荷的结构层之间的斥力；另一种是黏土矿物结构层与层间阳离子之间的静电引力。黏土矿物的膨胀分散程度取决于这两种力的比例关系。如果斥力大于引力，黏土矿物便发生渗透膨胀，形成扩散双电层，双电层斥力使结构层分得更开，如钠蒙脱石即是属于这种膨胀；如果引力大于斥力，黏土矿物只能发生晶格膨胀，如钙蒙脱石即是属于这种情况。

7.2.3 流变性

黏土矿物悬浮液的流变性质主要决定于悬浮液中黏土矿物颗粒的组合方式。通常按颗粒结合的几何状态分成三类，即面-面、边-面和边-边。如果黏土矿物颗粒的结合方式是面-面为主，则称这种悬浮液为凝聚胶体，凝聚作用使黏土矿物形成较厚的“层”或“束”，从而减少了黏土矿物悬浮液的颗粒数，使黏度降低。如果是以边-面和边-边为主，则形成絮凝胶体，絮凝胶体是一种特殊的凝聚胶体，絮凝作用引起黏度增加。凝聚作用指的是黏土颗粒的面-面接合作用。凝聚作用使黏土颗粒形成较厚的“层”或“束”，从而减少了黏土胶体中的颗粒数目，进而使黏度降低。往钻井液中加入二价阳离子，如 Ca^{2+} 等能引起凝聚作用，开始时，黏度增加，随后黏度就会降到比它原来还低的某一数值。分散作用是凝聚作用的逆过程。分散作用使凝聚颗粒离解开，从而增加了黏土胶体中的颗粒数目，进而使黏度增加。黏土通常在水化以前凝聚，水化时就发生分散作用，分散的程度取决于水化电解质的种类和含量、时间、温度及黏土的交换性阳离子种类和黏土浓度。

絮凝作用是指黏土颗粒的边-边、边-面与边-边和边-面连接作用。絮凝作用形成网状结构，进而引起黏度增加。无论是减小颗粒间的斥力，还是减薄吸附水化膜，如加入二价阳离子或加热，都会促进絮凝作用。同样，反絮凝作用，也称解絮凝作用，是絮凝作用的逆过程。反絮凝作用破坏黏土颗粒的边-边、边-面与边-边和边-面接合，使黏度降低。往钻井液中加入一些化学药品，这些化学药品还可以吸附在黏土颗粒的边面上，使得黏土颗粒不能形成边-边或边-面接合。这些化学药剂称为减稠剂。

黏土矿物的接合方式主要取决于悬浮液的电解质浓度和 pH 值，因为这两种因素控制着双电层的厚度、颗粒边缘电荷，从而影响到黏土矿物的接合方式。黏土矿物的絮凝胶体具有触变性，即一经搅动或触动就又变成悬浮液。在沼泽地上看上去好像是一片很硬的砂土地，但是踏上去就立即变成溶胶状态而成为泥潭，这就是由于黏土矿物的触变性所致。

7.2.4 可塑性、黏结性

黏土矿物加水后柔和成泥团，给泥团加以外力就产生变形，但不破裂，去掉外力，这种变形不再改变。这种性质称为黏土矿物的可塑性。

如果将泥团继续加水，泥团将会变成黏糊状态，而且能缓慢流动。把达到这个界限所需的水质量与风干黏土矿物的质量比（百分数），称为液性界限，用 W_L 表示。另外，水量逐渐减少泥团将变脆而破裂或破碎，并不能产生塑性变形。把达到这个界限前所失去的水量与风干黏土矿物的质量比称为塑性界限，用 W_P 表示。$W_L - W_P = I_P$ 称为塑性指数。塑性指数越大，可塑性越好。此外，也可用塑性指标表示黏土矿物的可塑性。它等于某黏土矿物正常稠度水分的泥团（直径为 45 mm）发生变形在出现裂纹时应力与应变的乘积，即：

$$s = (a - b)p \tag{7-1}$$

式中 a——试验前泥团的直径，cm；

b——受压后出现裂纹时泥球的高度，cm；

p——受压后出现裂纹时负荷，N；

s——可塑性指标，N · cm。

影响黏土矿物可塑性的因素有黏土矿物颗粒表面水分子层的厚度、颗粒的细度和形态。而水分子层的厚度则与交换阳离子的种类等有关。因为，塑性是对外力作用产生变形的问题，所以，其机理与黏性没有本质上的差异。

常用的可塑性测定方法有可塑性指数与可塑性指标两种。现就可塑性指数简介如下：可塑性指数（W）是指黏土的液限含水率与塑限含水率之差，即 $W = W_{液} - W_{塑}$。

其中，$W_{液}$ 为液限含水率（指黏土由塑性状态进入流动状态时的临界含水率），即黏土呈可塑状态的上限含水率。

$W_{塑}$ 为塑限含水率（指黏土由塑性状态进入固体状态的临界含水率），即黏土呈可塑状态的下限含水率。

根据可塑指数的大小，可将黏土分为：

高可塑性黏土：可塑性指数 >15；

中等可塑性黏土：可塑性指数 $7 \sim 15$；

低可塑性黏土：可塑性指数 <7；

非可塑性黏土：可塑性 <1。

黏结性是指黏土矿物与非塑性材料、水混合形成良好的可塑性泥团，干燥后并具有一定的抗折强度的性能，通常以 $R_{折}$ 表示。黏土矿物黏结能力的大小有时以保持泥团可塑条件下加入标准砂的最高量来判断。加入的标准砂越多，说明黏土矿物的黏结性越好。通常根据黏结能力大小将黏土矿物分类（表 7-4）。一般，黏土矿物粒度越细，分散性越好，黏结性越好。蒙脱石的黏结性一般优于高岭石的黏结性。

表 7-4 按黏结能力的大小对黏土分类

分类	能保持可塑黏土的最大加砂量/%
黏结黏土	50
可塑黏土	20～50
非可塑黏土	20
石状黏土	不能形成可塑泥团

7.2.5 黏土矿物与有机质的相互作用

许多性质与水相似的有机质分子可以很容易地被黏土矿物吸附。对非极性分子，由于黏土矿物-有机质相互作用力较弱，只能产生物理吸附。而极性有机分子或离子化有机分子能够与黏土矿物发生化学反应，形成黏土矿物-有机分子复合体。黏土矿物的结构层间可以因这些分子的侵入而发生膨胀并形成嵌合复合体。黏土矿物-有机复合体中的成键作用主要有下面几种方式：(1) 氢键；(2) 离子偶极力，包括与交换阳离子配位的复合体的形成；(3) 有机分子与水化阳离子之间的“水桥”成键；(4) 阳离子交换作用；(5) 阴离子交换作用。

黏土矿物-有机复合体是黏土矿物与有机物形成的一种晶体。这种晶体既不是无机物，也不是有机物，而是介于其间的物体。黏土矿物本身是亲水的，能强烈水化，而黏土矿物-有机复合体成为亲油性。当选择合适的有机物复合时，又可变为既亲水又亲油的两重性。因而黏土矿物-有机复合体具有广泛的用途。

7.2.6 催化性

黏土矿物通常颗粒极细，吸附性强。这种性质与催化作用有关。蒙脱石的催化作用很早就被注意，天然酸性白土（主要是蒙脱石组成）和人工活性白土（蒙脱石经酸化处理的产品）的催化能力尤为显著。用酸处理的结果，通常是为了增大 SiO_2/Al_2O_3 的比例，显著提高吸附力和催化能力。关于黏土矿物具催化作用的机理，有人从蒙脱石的底面结构和碳化物的结构大体一致来寻找原因；还有人认为氢离子在催化作用中起重要作用，而铝的溶出所产生的格子缺陷，也被推测为原因之一。

7.3 高 岭 石

7.3.1 概述

高岭石的化学成分为 $Al_4[SiO_4O_{10}](OH)_8$，一般有少量的 Mg、Fe、Cr、Cu 等代替八面体中的 Al。高岭石是结构层为 1∶1 型的二八面体层状结构硅酸盐，属蛇纹石——高岭石族的二八面体亚族，多呈隐晶质、分散粉末状、疏松块状集合体。白或浅灰、浅绿、浅黄、浅红等颜色，条痕白色，土状光泽。摩氏硬度 2 ~ 2.5，密度 2.6 ~ 2.63 g/cm^3。高岭石矿物在自然界分布十分广泛。可以在沉积、风化、蚀变等地质作用下产生，高岭石普遍产于风化物、沉积岩及各种蚀变岩石中。以高岭石为主要矿物成分的黏土称为高岭土。由于高岭石具有许多特殊的性质，如可塑性、黏结性、分散性、耐火性、绝缘性和化学稳定性等，高岭石黏土已成为陶瓷、造纸、橡胶、耐火材料及化工等部门不可缺少的矿物材料。

7.3.2 物化性质

7.3.2.1 粒度

高岭石黏土的粒度分布通常为 0.2 ~ 5 μm，高岭石粒度大小与高岭石矿物的结晶程度有关，结晶好的高岭石粒度较大。高岭石的粒度对高岭石黏土的可塑性、泥浆黏度、离子交换量、成型性、干燥性、烧结等性能均有影响。一般高岭石黏土粒度越细，可塑性越好，干燥强度越高，易于烧结，烧后气孔率低，机械强度高。

许多行业和领域对高岭石黏土的粒度有特殊的要求。如作为纸张涂布、高光泽油漆、油墨、特种陶瓷和橡胶用的高岭石黏土，其粒度小于 2 μm 的部分不应低于 80%。高岭石颗粒形态对其应用价值十分重要。如生产铜版纸所需的涂布级高岭土必须是片状的。涂布级高岭土的价格在国内为 700 ~ 800 元/吨，填料级为 400 ~ 430 元/吨，陶瓷级高岭土价格为 200 ~ 350 元/吨。

7.3.2.2 可塑性

可塑性是高岭石黏土在陶瓷坯体中成型工艺的基础，也是重要的工业技术指标。影响高岭石可塑性的因素主要有：

（1）粒度。高岭石粒度越细，分散度越大，比表面积越大，则可塑性越好。

（2）阳离子交换能力。高岭石的阳离子交换容量越大，可塑性越好。

（3）颗粒形态。高岭石颗粒的形状若是薄片状，则易于结合和相对滑动，比板状、柱状等其他形状的颗粒具有更高的可塑性。

（4）杂质含量。高岭石中若含有石英、长石等碎屑矿物杂质时，将降低可塑性；含蒙脱石、水铝英石或有机物时将提高可塑性。根据高岭石黏土的可塑性指标（s）可把其划分为低可塑性高岭石黏土（$s<2.5$）、中可塑性高岭石黏土（$s=2.5\sim3.6$）、高可塑性高岭石黏土（$s>3.6$）。一般情况下，高岭石黏土具中、低可塑性，比蒙脱石的可塑性低。当高岭石黏土被加热至 400 ~ 700 ℃时，高岭石的可塑性将消失。

7.3.2.3 烧结性

高岭石黏土的烧结性是制造陶瓷产品所必须具备的重要工艺性质之一。所谓烧结是指当物体被加热到一定温度后，由于易熔物产生的液相充填在未熔颗粒之间的空隙中，靠其表面张力使气孔率下降、密度提高、体积收缩，从而变成致密、坚硬的性能。当气孔率下降到最低值、密度达到最大值时的状态称为烧结状态，此时，对应的温度称为烧结温度。

影响高岭石黏土烧结的因素很多，主要与陶瓷制作过程以及泥坯中其他矿物的含量有关。从矿物成分看，伊利石黏土、蒙脱石黏土比高岭石易于烧结；从化学成分上看，碱性氧化物多、游离 SiO_2 少的泥坯易于烧结；从陶瓷生产的角度看，希望烧结温度低、烧结范围宽。这样一方面节能，另一方面便于操作控制。通常对高岭石黏土的烧结温度范围为1000～1500 ℃。在工艺上可以掺配助熔剂或采用白土类型的高岭石黏土按比例掺配的办法来控制烧结温度和烧结范围。

7.3.2.4 耐火度

高岭石黏土具有较高的耐火度，一般可达1750 ℃以上。当高岭石黏土中含有水云母、长石等矿物时，会降低其耐火度。一般随 Al_2O_3 含量的增加，耐火度增高；随碱性氧化物、铁的氧化物的含量增加，耐火度降低。

7.3.2.5 绝缘性

高岭石黏土具有良好的电绝缘性，其产品可用作高频、电的绝缘体。

7.3.2.6 化学稳定性

高岭石具有较强的化学稳定性和一定的耐酸碱能力，化学稳定性是矿物材料用作填料的主要性能指标之一。

7.3.2.7 与有机质相互作用

高岭石可与许多极性有机分子，如甲酰胺（$HCONH_2$）、乙酰胺（CH_3CONH_2）、尿素（NH_2CONH_2）等相互作用产生高岭石-极性有机分子嵌合复合体。有机分子可进入层间域，并与结构层两表面以氢键相联结。其结果一是使高岭石的结构单元层厚度增大；二是改变了高岭石的表面性质，如亲水性等。

7.3.3 应用

高岭石黏土自古以来就被广泛应用于陶瓷工业，今天，高岭石黏土更成为人类日常生活及尖端技术领域中不可缺少的矿物材料。随着新技术的开发，高岭石黏土正在不断地开拓新的应用领域，尤其是向高、精、尖领域渗透。如应用于新型的切削刀具、钻头、陶瓷轴承、陶瓷-金属复合材料、人工合成分子筛、原子反应堆的陶瓷部件、喷气飞机和火箭燃烧室的喷嘴，还应用于电子、航天飞机外表等方面的耐高温陶瓷片等。

7.3.3.1 在陶瓷工业中的应用

在我国高岭石黏土在陶瓷工业中的消耗量约占高岭石黏土产量的50%以上，居各工业部门之首。陶瓷工业对高岭石黏土的要求首先是其化学成分，即 Fe_2O_3、FeO、TiO_2、SO_3 等有害组分要极低，SiO_2/Al_2O_3 比例要适当；其次是黏结性和可塑性，一般说来，高岭石结晶好，颗粒粗时可塑性和黏结性差。但通过剥片技术可将高岭石的可塑性和黏结性改变。

7.3.3.2 在造纸工业中的应用

在国外，造纸工业上消耗的高岭石黏土已远远超过陶瓷工业的用量。高岭石主要用于制造各种印刷纸、硬板纸、新闻纸等高级纸张。

由于高岭石黏土粒度小，剥片后具有良好的片状、鳞片状形态，片径/厚度比值大，化学性质稳定等，因此，高岭石黏土被用作造纸填料和纸张涂层，可提高纸张光泽度，充填于纸张纤维之间的空隙中，提高不透明性、增加平滑度及纸张密度等。

高岭石黏土比纸张便宜，能有效地降低造纸费用。高岭石与纸中的其他成分不发生反应，能较好地保留在纸张纤维中间，适于大量使用。

造纸工业对高岭石黏土的要求主要是细度以及杂质含量。一般用于造纸的高岭石黏土须经特殊选矿工艺选出小于2 μm的部分，或是经过超细磨（剥片）技术对其进行加工处理才能达到粒度要求。另外，高岭石黏土中的长石、石英含量越低，带色杂质（如有机质、Fe_2O_3等）越少，则质量越好。用作铜版纸的涂布级片状高岭石黏土的质量要求是，除晶粒呈片状外，还要求白度大于85，-2 μm粒级达到80%，Fe_2O_3 <0.5%。

7.3.3.3　在橡胶工业中的应用

在橡胶工业中，高岭石黏土被用作填料和补强剂，可明显改善橡胶的拉伸强度、抗折强度、耐磨性、耐腐蚀性、刚性（弹性）等性能。

高岭石黏土作橡胶的填料和补强剂时，对锰的含量有着严格的限制，要求<0.0045%，因为锰会使橡胶加速老化。此外，对高岭石黏土的吸附性和酸碱性及粒度也有一定要求。

7.3.3.4　在塑料工业中的应用

高岭石黏土作塑料的填充剂，能使塑料制品具有较平滑的表面，更美观的外表、尺寸稳定、改善绝缘性能和耐磨性能、耐化学腐蚀性变强、坚固、均一及延缓硬化等优点。

7.3.3.5　合成分子筛及其应用

分子筛在石油、化学、冶金、环保及电子工艺中有广泛用途。以高岭石黏土为主要矿物原料，经过一定工艺处理可人工合成4A型沸石分子筛。

高岭石黏土合成分子筛的基本方法是，先将高岭石黏土细磨至粒度3 μm以下，再经600~700 ℃下焙烧2 h，然后按一定的固液比（1∶2）与NaOH溶液混合均匀，经50 ℃预处理2~4 h后，再升温至80~90 ℃，搅拌处理一段时间（约10 h），最后，过滤并洗涤至pH=8~10，110 ℃烘干后即得4A型沸石分子筛（4A为$Na_2O \cdot Al_2O_3 \cdot 18SiO_2$，A型分子筛的孔隙尺寸约为0.45 nm和0.55 nm）。4A型沸石分子筛可广泛用作分子筛、阳离子交换剂、选择性吸附剂、催化剂载体等。也可作污水处理剂、冰箱除臭剂、干燥剂等。

7.3.3.6　在冶金工业中的应用

高岭石黏土具有高的耐火度，可用作冶金工业及玻璃工业的耐火材料，制作各种高温作业的耐火砖。

7.3.3.7　在环境中的应用

高岭石可用于化工和生活用水的过滤，去除水中重金属阳离子污染物，吸附废水中的NH_3-N、H_2PO^{4-}、HPO_4^{2-}、PO_4^{3-}等。同时还可用于大气污染的净化和土壤的自净。

7.3.3.8　在其他部门的应用

高岭石黏土是玻璃纤维工业的主要原料之一。在黏合剂工业上，可用来制作油灰、嵌封料及密封料的填料。高岭石化学性质稳定、覆盖能力强、流变性好、白度高，是油漆、涂料工业的重要矿物原料。在农业上，被用作肥料、农药或杀虫剂的增量剂、稀释剂。随着高科技的发展，用途不断拓宽。例如，用于制造高温结构陶瓷，用于原子反应堆、喷气式飞机和火箭燃料室喷嘴的耐高温部件；还可用高岭石黏土制造具有压敏、光敏、热敏、气敏、磁敏等性能及具有记忆能力、快离子传导能力的功能陶瓷等。在轻工业上，还可以制造香粉、胭脂、牙粉、各种药膏、软膏等；还可用作生产肥皂、铅笔芯、颜料等制品的填料。

此外，利用高岭石黏土还可制造各种高级光学玻璃、有机玻璃、水晶等的熔炼坩埚及拔制玻璃纤维的各种拉丝坩埚，以代替价格昂贵的铂、镍等贵金属坩埚。

7.4 蒙 脱 石

7.4.1 概述

蒙脱石又名微晶高岭石或胶岭石，其结构层为2∶1型、层间具有水分子和可交换阳离子的二八面体型铝硅酸盐。以蒙脱石为主要矿物成分的黏土称为膨润土。

蒙脱石的化学式为 $E_x(H_2O)_n\{(Al_{2-x}Mg_x)_2[(Si,Al)_4O_{10}](OH)_2\}$，其中，E 为层间可交换的阳离子，主要为 Ca^{2+}、Na^+，其次为 K^+、Li^+等，x 为 E 作为一价阳离子时单位化学式的层间电荷数，一般在0.2～0.6之间变化。蒙脱石晶体的四面体中，Si 除了可被 Al 代替外，还可被 Fe、Ti 等代替。八面体中，Al 可被 Mg 代替，也可以被 Fe、Zn、Ni、Cr 等代替。二价阳离子 Mg^{2+}、Fe^{2+}等代替 Al^{3+}是产生层间电荷的主要原因。蒙脱石矿的颜色有白色、乳酪色、浅灰色、淡绿黄色、浅红色、肉红色、砖红色、褐红色、黑色、斑杂色等。油脂光泽、蜡状光泽或土状光泽。贝壳状或锯齿状断口，致密块状，少量为松散土状。

根据蒙脱石层间主要阳离子的种类，蒙脱石被分为钙蒙脱石、钠蒙脱石等成分变种。

层间水的含量取决于层间阳离子的种类和环境中的温度和湿度。水分子的吸附是以层的形式存在于结构层之间，最多可达四层，一般在前一层未充满时不会形成新的水分子层。分子式中 n 的变化与水分子层数、层间距 $d_{(001)}$ 的变化关系为：

n:	0～2	8	14	20	26
水分子层:	0	1	2	3	4
$d_{(001)}$/nm:	0.96	1.25	1.55	1.85	2.05

钙蒙脱石以二层水分子最稳定；钠蒙脱石可有一、二、三层水分子，层间阳离子为 K^+时，吸水性最差。蒙脱石吸水性的强弱除与层间阳离子种类有关外，还与层间电荷来自八面体片还是来自四面体片有关。层电荷来自八面体时吸水性强，来自四面体片时吸水性弱。

7.4.2 物化性质

蒙脱石的形态、成分和结构特点决定了它的优良吸附性、阳离子交换性、分散悬浮性、可塑性、黏结性等。

7.4.2.1 表面电性

蒙脱石的表面电性来自以下三方面：(1) 层电荷：每个晶胞最高可达0.6，且不受介质pH值的影响。这是蒙脱石表面负电性的主要原因。(2) 破键电荷：产生于四面体片的基面、八面体片的端面，系 Si—O 破键和 Al—O(OH) 破键的水解作用所致。当 pH < 7 时，破键吸引 H^+，表面带正电；pH > 7 时表面带负电。(3) 八面体片中离子解离形成的电荷。在酸性介质中，OH^-解离占优势，端面电荷为正电；在碱性介质中，Al^{3+}解离占优势，端面电荷为负电；pH 值 9.1 左右为等电点。

7.4.2.2 膨胀性

蒙脱石吸水或吸附有机物质后，晶层间距增大，体积膨胀。钙蒙脱石的吸水率和膨胀倍数大大低于钠蒙脱石。钠蒙脱石的膨胀倍数高达 20 ~ 30 倍，而钙蒙脱石仅几倍至十几倍。

7.4.2.3 分散悬浮性和造浆性

蒙脱石在水介质中能分散成胶体状态。钠蒙脱石遇水膨胀可形成永久性的悬浮液或乳浊液。这种悬浮液具有一定的黏滞性、触变性和润滑性。

蒙脱石的造浆性不如坡缕石和海泡石好，钠蒙脱石的造浆率可达 10 m^3/t，钙蒙脱石的造浆率较低。

7.4.2.4 阳离子交换性和吸附性

蒙脱石的结构单元是两个硅氧四面体层夹一个铝氧八面体组成，靠共用的氧原子连接，其层间的阳离子可以交换，这些可交换的阳离子为钾、钠、钙、镁、铝、锂等，并很容易使颗粒分裂成带电胶体，晶层间被吸附的阳离子具有可交换性。天然蒙脱石在 pH 值为 7 的水介质中的阳离子交换容量为 70 ~ 140 mmol/100 g（相当于每个晶胞带 0.5 ~ 1 个静电荷）。蒙脱石的离子交换主要是层间阳离子交换。晶体层面吸附的离子也具有交换性，且随颗粒变细而增大。蒙脱石的阳离子交换能力主要与层间阳离子的类型有关。此外，也受蒙脱石的粒度、结晶程度、介质性质等因素的影响。阳离子电价和水化能越高，代换性越强，而被代换性也就越差。几种常见阳离子在浓度相同条件下，交换能力的顺序为：$Li^+ < Na^+ < K^+ < NH_4^+ \leqslant Mg^{2+} < Ca^{2+} < Ba^{2+}$。其中，$Mg^{2+}$和 Ca^{2+}的交换能力差别不大，H^+的位置在 K^+或 NH_4^+ 的前面。因此，钠蒙脱石的阳离子交换容量高于钙蒙脱石。

利用蒙脱石的阳离子交换性可对其改型。因钠蒙脱石的许多性能优于钙蒙脱石，故常将后者改为前者。其常用方法是：以 2%（质量百分数）的 Na_2CO_3 与钙蒙脱石和 12% 的水混合，老化 10 天左右，经干燥而成钠蒙脱石。

蒙脱石黏土具有优良的吸附性和脱色性。以蒙脱石为主的白色黏土（pH <7，故称为酸性白土）为蒙脱石的风化产物，其脱色率可达 100%。用于食品、化工部门作吸附和脱色用的蒙脱石黏土，需进行活化处理以增强其吸附性能。

7.4.2.5 热性能

蒙脱石加热至 200 ~700 ℃出现缓慢的膨胀，到 700 ~800 ℃时有一急剧膨胀过程，生成无水蒙脱石。接着有一个较大的收缩，直到 950 ℃又重新开始膨胀。

钠蒙脱石加热至 100 ℃后，阳离子交换容量有所增加；加热至 100 ~300 ℃后，阳离子交换容量有所降低；加热至 300 ~350 ℃后，阳离子交换容量有较明显的降低；加热至 390 ~490 ℃即丧失膨胀性能，阳离子交换容量降低到 39 mmol/100 g。以上各性能，钙蒙脱石相对钠蒙脱石约低 100 ℃。

7.4.2.6 可塑性和黏结性

蒙脱石具有良好的可塑性能，其塑限和液限（即蒙脱石黏土呈可塑状态时的下限和上限含水量）均大大高于高岭石和伊利石，可达 83% 和 25%。蒙脱石黏土成型后发生变形所需的外力较其他黏土矿物小。蒙脱石的可塑性也与层间交换阳离子的种类有关。钠蒙脱石和钙蒙脱石的塑限和液限值有明显差别。可塑性也与水分子层的厚度、颗粒形态及粒度有关。

蒙脱石黏土具有优良的黏结性。同样，钠蒙脱石黏土的黏结性优于钙蒙脱石黏土的黏结性。

7.4.2.7 吸附脱色性

蒙脱石黏土对各种气体液体有机物质具有一定的吸附能力，最大吸附量可达5倍于它的质量，尤其是酸性膨润土和经酸处理活化的活性白土对各种油类具有良好的脱色性能。

7.4.3 应用

蒙脱石黏土可作为黏结剂、悬浮剂、增强剂、增塑剂、增稠剂、触变剂、絮凝剂、稳定剂、净化脱色剂、充填剂、催化剂、载体、填料等广泛用于冶金、机械、钻探、石油化工、轻工、农林牧、建筑业等方面，共24个领域100多个部门。我国主要用于铸造（占产量的70%）、钻井泥浆（占7%）、铁矿球团（占3%）等三个方面。

7.4.3.1 作黏结剂

钠蒙脱石黏土是铁矿球团的黏合剂，用于炼铁可节省熔剂和焦炭各10%~15%，提高高炉生产能力40%~150%。

用钠蒙脱石黏土作铸造型砂的黏结剂，可增强抗夹砂的能力。用其配制的型砂，湿、干和热态的抗压、抗拉强度综合性能好，能提高铸件的质量和成品率，降低生产费用。近年来，由于使用高压无箱造型法生产砂型，对型砂黏结剂的性能要求也相继提高。因此，铸造用钠蒙脱石黏土的需要量也逐年提高。

7.4.3.2 作悬浮剂

以蒙脱石做成的悬浮液可用于钻井泥浆、阻燃物、药物的悬浮介质及煤的悬浮分离介质等。蒙脱石黏土泥浆，尤其是钠蒙脱石黏土泥浆具有失水量小、泥饼薄、含砂少、密度低、黏度好、稳定性强、造壁能力好、钻具回转阻力小等优点。从而可提高钻井效率，降低成本。用蒙脱石黏土制成的悬浮液进行灭火是它的新应用领域。灭火时，由于蒙脱石黏土悬浮液具有较高的黏度，覆盖力强，不燃烧，喷射到燃烧物上可覆盖其表面，隔绝空气，且水分蒸发作用可使温度迅速降低，从而起到迅速灭火的作用。

7.4.3.3 作稠化剂

当利用有机分子取代蒙脱石的可交换阳离子时，可得到一种抗压性和抗水性强、胶体安定性好的有机蒙脱石复合物，这种复合物可作稠化剂。有机蒙脱石复合物还是制造润滑脂、橡胶、塑料、油漆等不可缺少的原料。如用其制成的润滑脂使用温度很宽，在零下几十摄氏度到正100多摄氏度的温度范围内均可使用，且抗压性、抗水性和胶体安定性均好，使用寿命长，可用作大型喷气客机、歼击机、坦克及冶金工业设备等高温、高负荷摩擦部件的润滑剂。

7.4.3.4 作吸附剂和净化剂

蒙脱石无毒、无味、吸附性强，可用于食用油的精制、脱色、除毒。蒙脱石黏土经活化处理后可作吸附剂（主要为物理吸附），可将黄曲霉素这类致癌物质和杂质、色素及气味等从食用油中滤去。

工业上也利用蒙脱石对有色、有机物的吸附能力强来净化汽油、煤油、特殊矿物油、石蜡和凡士林等。

利用蒙脱石黏土作吸附剂可进行消毒防护和核废料处理。例如，可用于制作国防用防毒粉剂；蒙脱石黏土在5天内可吸去介质中的Cs^+ 81%～191.3%，Rb^+ 58%～180%，同时对铯有较强的固定作用，可用于固定放射性废渣。

蒙脱石在污水处理中起吸收剂的作用，能吸附大量的悬浮物。蒙脱石经特殊处理后可用于含油废水、含菌废水等酸性、中性及弱碱性废水的净化。

7.4.3.5　作填料

在造纸工业中用蒙脱石黏土作填料可使纸张洁白、柔软。用其处理纸浆可脱色、增白。

蒙脱石黏土在肥皂生产中用作填料可代替部分脂肪酸，并能提高肥皂的洗涤效果。这是由于蒙脱石可吸附衣物和洗涤水中的污物和细菌之故。同时，也可用于洗衣粉的生产。

在涂料生产中，用蒙脱石黏土填料可起增稠剂和改善平整性的作用；可优化涂料的性能。这类涂料具有色泽不分层、涂刷性好、附着力强、遮盖力强、耐水性好、耐洗刷、成本低等优点。

蒙脱石用作饲料添加剂具有重要意义。例如，在肉鸡饲料中添加2%～13%的蒙脱石，鸡平均增重6%～17%；用于蛋鸡饲养，产蛋率提高13.8%，蛋重平均提高5.47%，蛋料比提高12.18%。

7.4.3.6　作工业用粮的代用品

利用蒙脱石的良好黏结性，可代替工业用淀粉用于生产浆糊、纱线上浆等方面。除可以降低成本，除节约工业用粮外，用蒙脱石黏土浆纱还具有经纱平整、不起毛、洁净、上浆后不发臭等优点。同时，蒙脱石黏土也可代替淀粉做印刷花糊料，也包括榨丝、人造丝、乔其纱等印花糊料。

7.4.3.7　作化妆品和药品

蒙脱石黏土凝胶，是在蒙脱石黏土中加入过量磷酸盐，先拆散蒙脱石黏土胶体颗粒之间的缔合，使其杂质在黏度很低的条件下迅速自然沉降，然后再用高价阳离子进行凝胶，严格控制使其达到适度絮凝，从而得到一种黏度较高而且稳定的产品。它对化妆品具有明显的悬浮、增稠、触变和稳定作用，提高了化妆品的质量。蒙脱石黏土中含有人体所需的大部分常量元素和微量元素，元素种类较为齐全。将其作为一种药用矿物，用作药物载体、赋形剂或胃肠道药物的组成成分有其特殊性，但其所含微量元素及其与水形成的乳浊液所具有的吸附性、黏合力和其本身的阳离子交换性能，可能是其对腹泻病和其他胃肠道疾病发挥疗效的主要物质基础。

7.4.3.8　其他

在农业上可利用蒙脱石改良土壤，作农药、化肥的载体或稀释剂。例如，将适量蒙脱石黏土撒入干旱的沙土中，能吸收、储存水分，并防止肥料流失，从而提高农作物产量。利用蒙脱石的吸附性能可使肥效、药效缓慢释放，发挥长效作用，提高肥料、农药的使用效益。

用蒙脱石黏土制作陶瓷可一次烧成，从而简化了生产工艺，降低了成本，且产品白度高、质量好。此外，也可用作釉料和搪瓷原料。

在建筑方面，蒙脱石可用作水泥混合材料，改善水泥性能。用于充填水池、水坝、下水道等的裂隙。

经改性后的交联蒙脱石可以制备具裂化性能的分子筛，用于石油工业中。用锂蒙脱石还可以制作快离子导体。

蒙脱石还可用作禽畜粪便除臭剂，用作铅笔芯的黏合剂等。在环境保护方面，用蒙脱石黏土作动物垫圈料处理废水臭气，能使动物粪便容易分散清理；可在圈养动物场和屠宰场水产加工场等撒蒙脱石黏土，回收高效肥料用膨润土处理印染废水煤气洗涤废水味精厂等废水废物，去除率达 99.5%；在水库上游撒蒙脱石黏土可使水库不洁物质絮凝沉入库底经生物净化加以处理。

7.5 坡缕石、海泡石

7.5.1 概述

坡缕石、海泡石均为富镁的含水链状硅酸盐矿物。两者在化学成分、晶体结构和物化性质等方面都相近，应用领域也相近。

坡缕石与海泡石在化学成分上的共同特点是 MgO、Al_2O_3、Fe_2O_3、CaO、Na_2O 等元素的含量不固定，总在一定范围内波动，而水的含量变化很小。这两种矿物的重要差别在于海泡石的 MgO 含量高，Al_2O_3 含量一般较低，而坡缕石则 MgO 含量相对较低，Al_2O_3 含量相对较高。

坡缕石的化学式为 $(Mg,Al)_5[(OH)_2(Si,Al)_8O_{20}]\cdot 8H_2O$，其中 SiO_2 56.96%，MgO 23.86%，成分中常有 Al、Fe 混入，Al_2O_3 替代部分 MgO。单斜晶系：$a=13.4$ Å，$b=18.0$ Å，$c=15.2$ Å（1 Å $=10^{-10}$ m），$\beta=90°\sim93°$。

坡缕石晶体为棒状、纤维状，其晶体横断面呈菱形；集合体为土状或致密块状构造，颜色为灰白、青灰、微黄或浅绿色、油脂光泽，密度 2.0～2.3 g/cm^3，摩氏硬度 2～3 g/cm^3。在坡缕石中水的存在形式有三种：一是结构水，即羟基；二是在带状结构层边缘与八面体阳离子配位的配位水；三是在通道中由氢键联结的沸石水。

海泡石的化学式为 $Mg_8Si_{12}O_{30}(OH)_4(OH_2)_4\cdot 8H_2O$，为一种富镁硅酸盐矿物，其中 SiO_2 54%～60%，Mg 21%～25%，并常含有 Fe、Mn 等元素。

海泡石属斜方晶系或单斜晶系，晶体内平行于 c 轴的硅氧四面体双链所组成、各个链之间通过氧原子连接。其排列与一般的层状硅酸盐有所不同，海泡石晶体结构中同一层四面体顶点氧的指向并不相同，而是交互地指向相反方向，从而形成了较大的空间，其中容纳着大量的水分子，与阳离子进行置换。海泡石一般呈白色、淡黄色、浅灰色、浅红色、黑绿色，铁海泡石为褐色。呈丝绢光泽或土状光泽。条浪呈白色，不透明，触感光滑且粘舌，性脆，断口为贝壳状、参差状。摩氏硬度一般在 2～2.5 之间。体质较轻，密度为 1～2.2 g/cm^3，干燥时能溶于水，收缩率低，可塑性好，溶于盐酸。海泡石成分变化主要发生在八面体空隙中，并形成不同的海泡石变种，如富镁海泡石、富铝海泡石、富钠海泡石等。海泡石中水的存在形式与坡缕石完全相同。

坡缕石、海泡石矿物与其他层状硅酸盐的不同还在于，它们含有四种形式的水。除了吸附水和结构水（OH）外，还有与通道壁上 Mg 离子配位的水分子（配位水，以 OH_2 表示）以及进入通道的水分子（沸石水 H_2O）。坡缕石和海泡石在我国的产出均较丰富。迄今，已在不同时代的沉积地层及各种富镁的热液蚀变淋滤充填物中发现了上述两种矿物，而且还构成了颇具的工业矿床。坡缕石和海泡石均以纤维状晶体产出，类似于纤蛇纹石石棉。

7.5.2 物化性质

坡缕石和海泡石的物化性质特征主要表现在流变性、吸附性和催化性等方面。

7.5.2.1 比表面积

坡缕石和海泡石的比表面积随纤维的细度和长度的减小而增加。理论上坡缕石的外表面积为 280 m^2/g，内表面积为 635 m^2/g；海泡石的外表面积为 400 m^2/g，内表面积为 500 m^2/g。而它们的实际表面积总是低于上述理论值。当坡缕石与海泡石被加热至 100～150 ℃时，吸附水和沸石水析出，表面积增大。但当温度超过 300 ℃后，由于配位水的失去，晶体结构发生折曲，从而使表面积急剧减小。用5%浓度的盐酸处理海泡石和坡缕石可增加其表面积。

7.5.2.2 吸附性

坡缕石和海泡石由于有较大比表面积，所以具有良好的吸附性。

海泡石的阳离子交换容量比坡缕石的高，这与两者类质同象代替所形成的层电荷数的大小有关。一般海泡石的阳离子交换容量为 20～45 mmol/100 g，坡缕石的为 5～20 mmol/100 g。两者的吸附能力都很强，坡缕石、海泡石能吸收超过自身质量 200%～250% 的水。坡缕石和海泡石吸附的有机分子、气体分子、水分子等，经加热或其他方法处理可以解吸，从而可使产品反复使用。

坡缕石和海泡石的吸附原理：一是硅氧四面体上的氧原子，由于 Al^{3+} 代替 Si^{4+} 等使其提供弱的负电荷，从而对吸附物产生作用力；二是分布在带状结构层边缘与 Mg 配位的水分子，它可以与吸附物形成氢键；三是由于 Si—O—Si 晶格破键产生的 Si—OH 离子团，通过一个质子或一个羟基来补偿剩余的电荷。这种 Si—OH 离子团可同表面所吸附的分子相互作用，且能与某些有机分子形成共价键。

坡缕石和海泡石的吸附性具有选择性：极性分子，主要是水和氨能被吸附，其次是甲醇和乙醇。氧等非极性分子不能被吸附。它们对不同极性分子吸附能力也不同。坡缕石对一些极性分子的吸附能力依次为水 > 醇 > 酸 > 醛 > 酮 > 正烯 > 中性脂 > 芳烃 > 环烷烃 > 烷烃。

7.5.2.3 流变性

坡缕石和海泡石呈纤维状或针状形态，在水和其他中等极性溶液中易于分散，并形成一种杂乱的纤维格状体系（悬浮液）。这种悬浮液的流变性极好。悬浮液的黏度随坡缕石和海泡石含量增大而增大。

影响流变性的因素还有 pH 值、电解质种类和含量。当 pH 值为 8～8.5 时，海泡石悬浮液的流变性最好，黏度也相对稳定。当 pH 值大于 9 时，其黏度急剧下降。当 pH 值小于 4 时，海泡石的结构开始解体，其悬浮液的流变性和黏度随之缓慢消失。电解质的种类和性质对坡缕石和海泡石流变性的影响很大，如海泡石悬浮液在 pH 值为 9 时，电解质的影响小，原因是此 pH 值是海泡石的等电点，在高 pH 值时电解质使海泡石悬浮液絮凝，其流变性转变为假塑性。

7.5.2.4 催化性

坡缕石和海泡石具有催化性的原因是：（1）晶体内部存在通道结构；（2）大的比表面积及集合体的微细孔隙构造；（3）由于非等价阳离子类质同象代替，晶格缺陷及晶格破键等而形成的路易斯（Louis）酸化中心和碱化中心；（4）经热处理后具有较强的机械性能和热稳定性。因此，它不仅满足异相催化反应所需的微孔和表面特征，影响反应的活化能和级数，利于有机反应，同时，还将产生酸碱协同催化作用及具有分子筛的择形催化裂解作用。例如，坡缕石和海泡石表面存在的 Si—OH 基，对有机质具有很强的亲和力，可与有机反应剂直接作用生成有机矿物衍生物。这种衍生物具有结合有机分子的表面性质和反应性质，而又保留矿物骨架，所以，当这些附着的分子含有未饱和基时，就有可能使有机矿物化合物与某些单体聚合。又如坡缕石是一种良好的负载型催化剂载体，贵金属及多金属离子催化剂（如 Pt、Ni、Cu 等）可均匀分散在坡缕石的表面和内部孔道中。

此外，坡缕石和海泡石还具有耐腐蚀性，在常温下，海泡石在 pH 值 4 ~ 10 的介质中也极为稳定，只有当 pH 值小于 3 时才发生溶蚀；电动电位随条件不同而改变，海泡石一般具永久性负电荷的特点，但在碱性条件下，电动电位可增加，而吸附电介质时，其电动电位又会降低，因此，改变介质条件，即可改变其电动电位；具有良好的黏结性、可塑性、抗盐性、耐酸碱性和耐热性等。

坡缕石和海泡石经超细磨粉和活化后可大大改善其工艺性能。超细粉碎旨在降低纤维的细度，进而提高比表面积，从而改善吸附性、流变性及催化性等性质。活化的目的也在于增加比表面积、增强机械强度、改善表面性质等。活化的方法主要有热活化法（即加热处理）、酸碱活化法及有机活化法。热活化法可增加表面积，增强机械性能和表面氧化能力等。酸碱活化可大大提高吸附性能，增加表面积等。有机活化是借助坡缕石和海泡石的表面负电性、晶体内部孔道结构、OH 键及破键与阴、阳离子型或非离子型有机表面活化剂相互作用，形成一种有机矿物衍生物，进而改善坡缕石和海泡石的亲水、亲油的亲和力和提高脱色力等。

7.5.3 应用

由于坡缕石具有特殊的物理化学性质和工艺性能，在石油、化工、建树、造纸、医药、农业等方面得到广泛应用；而海泡石晶体纤细、内部多孔道、外表多沟槽、表面积大、吸附能力强，广泛用于石油精炼、油脂、食品、制药、化工、环保、国防、铸造、建材等工业部门，作吸附剂、脱色剂、净化剂等。另以其优良的抗盐性和耐热性能，特别适合于作为地热钻井、海上石油钻井和盐矿钻的高级泥浆材料。

7.5.3.1 在钻井泥浆方面的应用

坡缕石、海泡石黏土与蒙脱石黏土相比，其触变性能更好、抗盐能力更强、热稳定性更强。蒙脱石泥浆在 204 ℃时就已形成很稠的胶状体，使钻井几乎无法进行，而坡缕石泥浆可耐温250 ℃以上，若采用海泡石配制的泥浆，在400 ℃高温条件下，仍很稳定，不会因高温而产生胶凝现象。

由于坡缕石、海泡石的针状晶体性质，当悬浮液发生沉淀时，会形成交织的针状基团，并扩散成一种毛毡结构的悬浮体，这种悬浮体不会因盐度的改变而变化。因此，由坡缕石或海泡石黏土制成的泥浆具有极好的抗盐性能。坡缕石、海泡石黏土已成为当今地热、盐类地层、石油及海洋钻探等各种特殊钻井中配制泥浆的极佳原料。

7.5.3.2 作吸附剂、脱色剂、净化剂、过滤剂

坡缕石和海泡石具有良好的吸附性，经加工后可作为吸附剂、脱色剂、净化剂、过滤剂。广泛应用于食品、酿造、医药、环保、烟草、国防、畜牧业等方面。

坡缕石和海泡石的显微针状，纤维状晶体和良好的分散性使它们能够制成一种无定向性，且错综复杂的毛毡状多细孔的分子筛。这种分子筛不仅是水和气的良好吸附剂，而且对有机物也有很高的吸附能力，尤其是对乙烷、苯、甲醇等有机物有更强的吸附性。因此，坡缕石和海泡石被广泛用作高分子化合物（如树脂、沥青、磺酸盐及其他物质）的脱色；还可对石油、动物油、粮食、脂肪、蜡、维生素、酱油、酒类、水等脱色、净化、过滤。还可用来吸附除去如硫醚、工业废气、有机磷、黄曲霉、细菌、生物碱等有害、有毒物质。

在环保方面利用坡缕石和海泡石的吸附性净化处理污水、工业废水、废料及有毒气体等。例如，海泡石在废气中能吸收90%的铅、溴和硫化物及35%左右的烃。尤其是利用海泡石和坡缕石作为含放射性元素的废料、废水和气体的处理剂，可将放射性元素进行永久性吸附，吸附后的坡缕石和海泡石可深埋，使之不再污染环境。

在国防方面，坡缕石和海泡石在消毒防化武器及防放射性武器方面具有独特功能。如因海泡石良好的吸附性及对电解质沉淀的反应，多用来制造毒气吸收器内的高级黏土黏合剂的配料，大量用于制造防化学毒物的防护装备中。将海泡石加热或酸处理后，可用于制成防原子弹、氢弹及放射性物质的防护用具。

在制烟工业中，海泡石或坡缕石加入活性炭后，是一种最理想的香烟嘴原料。它能吸收多种有损健康的极性气体化合物。

在畜牧业方面，坡缕石和海泡石用作家畜（禽）垫圈，可达到除臭、吸水、干燥、保存畜肥养分等。同时，还能起到消毒、杀菌、杀虫及防病的作用。当用作饲料添加剂时，坡缕石和海泡石能刺激禽畜生长。

农业上用坡缕石、海泡石作为农药、肥料的吸附载体及土壤改良剂等，达到缓慢释放药效、肥效、保水、保肥等作用。

7.5.3.3 用作催化剂载体

坡缕石、海泡石具有很大的比表面积，包括贵金属在内的许多金属离子如Pt、Ni、Cu、Co等可均匀地分散在纤维状晶体的表面和内部孔道中，并且也能置换晶格中的Mg^{2+}，起到催化剂载体的作用。

在制造特种用纸中，坡缕石、海泡石作为一种很好的催化剂载体和吸附剂，用于制造压敏复写纸、印刷纸等。在制造无碳复写纸的过程中，在复式或无碳拷贝板的正面或接受面上涂上海泡石，在反面或传递面上涂上一层晶体紫罗兰甲醇或n-无色亚甲基苯基酰基等无色的中间颜色薄膜。当复写纸被书写或打字时，字迹压力使中间颜色薄膜破裂，并使

染色物质渗入海泡石涂层中。由于海泡石四面体片中三价离子 Al^{3+}、Fe^{3+} 取代 Si^{4+} 而出现路易斯酸（Louis）化中心，因而具有显色性。在颜色显现后，海泡石良好的吸附性可使颜色分子吸附其上，固定且保持不变。

7.5.3.4 作黏结剂和密封剂

坡缕石和海泡石均可代替蒙脱石作为冶金球团的黏结剂，效果优于蒙脱石。还可作型砂、矾土颗粒、分子筛、化妆品、去污粉以及在陶瓷制造业中作为黏结剂。

用坡缕石作添加剂制成的密封材料具有极好的热稳定性，储存寿命长，适用于汽车无凹陷密封件和玻璃件的密封。

7.5.3.5 作稠化剂和稳定剂

基于坡缕石和海泡石的流变性，它们被广泛用作稠化剂和稳定剂。

作表面涂层稠化剂：在水基和含油树脂漆或涂料中作增稠剂，防止凹凸，并起到均匀化作用。作乳胶漆增稠剂，可保持漆的良好触变性，形成的漆膜厚薄均匀。坡缕石对聚氯乙烯、苯乙烯、一丁二烯和丙烯酸乳胶漆的增稠、速凝方面效果良好。坡缕石和海泡石作为增稠剂还具有使涂层遮盖能力强、光泽强和加强对摩擦、冲洗、剥皮的抵抗能力，以及有较好的热稳定性和抗风化能力等优点。

作液体稠化剂：坡缕石和海泡石用作润滑脂的稠化剂，从而使润滑脂既耐高温，也抗低温。此外，还可作为乙醇、异丙醇、辛醇、酮、醚、脂、亚麻油、大豆油、蜡油及液体聚酯的稠化。

作悬浮液和乳化液的稳定剂：坡缕石和海泡石能有效地防止多元水体系中固相物质和其他不稳定物的沉淀和分离。如用于液体肥料悬浮液、农药乳剂、含水油乳状液等的稳定剂。此外，在化妆品、膏剂等方面也可起稳定作用。

7.5.3.6 作填料和调节剂

坡缕石、海泡石可作为橡胶、塑料、纸张的填料，以改善产品的性能，如强度、弹性及热稳定性等。

由于坡缕石、海泡石具有极好的吸附性、无毒、体积密度小等特点，所以，常用作肥料、化学药品、树脂类产品的调节剂，既可起到防粘连、胶结、结块作用，又能防止某些有效组分的损失，从而提高利用率。

此外，坡缕石、海泡石还可用作航空航天微波吸收纳米材料，用于飞机、舰船的电磁波屏蔽、隐形等；还可用于雕刻工艺品、装饰物、生活用品、香烟滤嘴原料、原子能、火箭卫星诸方面的特殊陶瓷部件等；干燥剂、装饰品、玻璃珐琅、耐火材料、建筑隔音、隔热材料等。

7.6 累 托 石

7.6.1 概述

累托石是二八面体云母和二八面体蒙皂石族矿物的 1∶1 规则间层矿物，为层状结构含水铝硅酸盐。

晶体化学式为 $K_x(H_2OAl)(Al_xSi_{4-x}O_{10})COH$，其中：$SiO_2$ 43%～54%，Al_2O_3 24%～

40%，H_2O 8%～15%，3 项之和约为 90%，其他成分 MgO、Fe_2O_3、FeO、Na_2O、CaO、K_2O 约 10%。

7.6.2 物化性质

7.6.2.1 表面性质

累托石具有良好的胶体性能，在水中易沿蒙皂石晶层间裂开并散成微粒，其粒径多小于 2 μm，平均粒径约 0.82 μm。累托石的表面电性为负电性。其动电电位随 pH 值降低而增大，在 pH 值为 8 时达到最大 -48 mV，在 pH 值为 8.5～11 时，其动电电位值为 -38～36 mV。

7.6.2.2 吸附性

累托石的吸附性类似于蒙脱石，当把结构中的水分子和可交换阳离子排除后，累托石可吸附各种无机离子、有机极性分子和气体分子。湖北钟祥累托石的吸蓝量为 64～68 mmol/100 g，约相当于蒙脱石吸蓝量的 1/2～1/3（如浙江上峰蒙脱石的吸蓝量为 172 mmol/100 g，湖北上熊蒙脱石的吸蓝量为 134 mmol/100 g）。

累托石的阳离子交换容量为 44.9～64 mmol/100 g，相当于蒙脱石阳离子交换容量 80～140 mmol/100 g 的 1/2。

7.6.2.3 膨胀性

累托石的膨胀随环境温度和湿度的变化而变化。与蒙脱石的膨胀性相当。

7.6.2.4 流变性

累托石具有较大的亲水表面，在水溶液中显示出良好的亲水性、分散性和膨胀性。在流变性方面，累托石与蒙脱石有显著的差别。首先，累托石的黏度比蒙脱石小得多；其次，蒙脱石悬浮液絮凝后，形成卡片式网格状结构，其分散体受力强度 65 天后，可从开始的 16 Pa 增加至 240 Pa，而累托石悬浮液在同一期间，其分散体受力强度约 2 Pa，且一直保持不变。从而表明累托石悬浮液可一直保持分散状态不产生絮凝，缺乏触变性。

7.6.2.5 累托石-有机物复合作用

累托石与蒙脱石一样与有机物相互作用后能够形成黏土-有机复合体。这种复合体是一种晶体，它不是有机物，也不是无机物，而是介于其间的一种物体。累托石本身是亲水的，累托石-有机复合体则为亲油的，当选择适当的有机物进行复合时，可变为既亲油又亲水的两重性。累托石-有机复合体能在各种类型的有机溶剂中分散，并且具有良好的凝胶性能。

7.6.2.6 累托石-交联剂的相互作用

累托石与交联剂相互作用后可形成交联累托石。交联累托石的结构由两部分组成：一部分是累托石结构层，为板状体。另一部分是交联支柱。形成的结构为层柱式结构。交联柱的高度由交联剂的种类和结构决定。分别用不同长短的柱将累托石结构撑开，就可形成不同尺寸的二维通道的分子筛。这种交联结构体稳定，不再发生膨胀，累托石晶层失去阳离子交换性。因此，累托石通过交联是合成新型分子筛的重要原料。

累托石晶层中含有云母层，故累托石比蒙脱石具有更好的耐热性和耐酸碱性。累托石黏土的耐火度可达1660 ℃。其主要原因是累托石在约1000 ℃发生结构分解后，又形成莫来石，莫来石是富铝耐高温矿物。

7.6.3 应用

由于累托石的特殊结构，累托石兼有蒙脱石和云母的优良物化性质及独特的工艺性质，因此，累托石的用途正不断扩大。

7.6.3.1 用作钻井泥浆的基料

累托石黏土作钻井泥浆的基料与蒙脱石黏土相比，具有两个方面的优点：一是累托石黏土钠化改型所需的碱量低于钙蒙脱石黏土；二是蒙脱石黏土造浆需预水化24 h，方能达到最佳状态，而累托石黏土不需预水化即可达到最佳状态，不但节省时间、提高效率，而且还可以应急处理钻井过程中出现的多种意外情况。此外，累托石黏土由于造浆率高(造浆率一般大于7 m^3/t，与黏土中累托石含量有关)、失水量小，易在井壁形成薄薄的泥膜，而且累托石泥浆具有较好的耐高温性能，在120～180 ℃温度条件下不会出现稠化和失去黏度现象。累托石泥浆还具有良好的抗盐性能。

7.6.3.2 用作石油催化剂载体

用交联累托石作为石油裂化催化剂载体具有表面积大、孔径大而稳定、热稳定性好、定向性好、转化率高、活性大、既是催化活性剂又是载体等优点。与现用的其他分子筛催化剂相比，质量稳定，价格便宜。

7.6.3.3 用作“榻榻米”席草保鲜剂

我国出口日本、东南亚的“榻榻米”席草，原采用进口保鲜剂，涂以保鲜剂的席草晒干后，能保持原有的草绿色和清香味。进口保鲜剂是以水云母为主的黏土。用累托石黏土也可作“榻榻米”席草的保鲜剂，且具有如下优点：(1) 累托石在水中分散性和悬浮性好，易于均匀地附着在席草上；(2) 累托石黏土浆液的 pH 值为4～6，符合席草对浆液的要求；(3) 累托石光吸水性好，附着于席草表面上能防止日光紫外线（300～400 nm）对席草的辐射，从而保证席草晒干后保持原来的草绿色和清香味；(4) 累托石黏土在席草晒干后易于脱落，利于席草编织加工。

7.6.3.4 用作涂料悬浮剂

因累托石具有良好的分散性、悬浮性、流变性及耐高温性能，同时，对有机、无机材料有较好的适应性，从而决定了它们可以在涂料中作悬浮剂。除用于建筑内墙涂料外，还可用作铸钢涂料和金属防腐涂料。累托石黏土用作铸钢涂料比蒙脱石黏土具有耐火度高、不开裂、浇铸后的铸件清砂容易等优点。同时，还具有更好的涂刷性、涂抹性、流平性，涂层表面强度高及400～1200 ℃高温抗裂性好。用累托石黏土涂料浇铸的铸钢件表面光洁、不夹砂、成本低。用作金属防腐涂料具有耐高温、电绝缘、耐水、耐寒、耐化学腐蚀等性质。

7.6.3.5 用作制瓷的黏结剂

累托石黏土具有良好的可塑性和黏结性，同时具有一定的耐火性和电绝缘性，烧后呈白色。因此，它是一种良好的制瓷黏结剂。用累托石黏土混入高岭石黏土、长石、石英等配料制成的坯体，烧成的收缩率比用蒙脱石黏土作黏结剂的小，而且无裂纹、强度高。

除以上这些用途外，累托石还可以用作型砂的黏结剂、合成氨煤球黏结剂、汽车摩擦材料的填料、橡胶填料、电焊条药皮填料等。随着累托石黏土应用研究的开展，必将发现更多的新用途。

7.7 硅藻土

7.7.1 概述

硅藻土是一种生物成因的硅质沉积岩，以硅藻遗骸（壳体）为主。在非海相（包括淡水、微咸水和咸水）硅藻土中常伴有淡水海绵骨针、金藻内生孢子等生物遗骸。除硅藻遗骸外，常伴有硅鞭毛类、放射虫等硅质生物遗骸。在海相硅藻土中，经常与之共存的有各类黏土矿物（高岭石、蒙脱石、水云母等）和碎屑矿物（石英、长石等）。因而应根据硅藻土原土中的硅藻壳体、黏土矿物和碎屑矿物三者之间的比率及原土中的化学组成（SiO_2、Al_2O_3、Fe_2O_3、CaO、MgO 等）对硅藻土进行划分和命名。

在我国有些地方对硅藻土有不同的称呼，如白泥、白土、山粉、硅藻土和观音土等。这些名称有的是依据外貌命名的，有的则是在某些特定历史条件下产生的。

硅藻土的矿物组成：硅藻土主要由蛋白石组成。蛋白石是一种含水的二氧化硅矿物，其密度为 1.9 ~ 2.5 g/cm^3，折射率为 1.40 ~ 1.46，均低于石英，并且随着含水量的增加而明显降低。与石英相比，它的稳定性差，易溶于碱。

硅藻土的化学组成：化学成分主要为 SiO_2，其次为 Al_2O_3、Fe_2O_3、CaO、MgO、K_2O、Na_2O、P_2O_5 和有机质等。SiO_2 含量是评价硅藻土原土质量最重要的参数之一。一般硅藻土原土中 SiO_2 含量达到 60% 以上，就可进行开采利用。原土中 SiO_2 含量越高（指非晶质硅），硅藻土质量越好。硅藻土中的 SiO_2，具有特殊结构和成分，通常称为硅藻质 SiO_2，为一种有机成因的物质。Al_2O_3 的含量与原土中的黏土矿物含量有关。一般 Al_2O_3 含量高，说明这种硅藻土的质量较差。Fe_2O_3 含量取决于原土中的褐铁矿、黄铁矿和菱铁矿等含铁矿物的含量。这类物质对硅藻土的任何一种用途来说都是有害的。表 7-5 列出各硅藻土的化学组成，表中的精土是将天然硅藻土（简称为原土）先经 90 ℃热水除去泥砂杂质，再在大于 90 ℃的温度下不断搅拌，用（38 ± 2）% 硫酸，按酸/土为 1 的用量处理 12 h，以使硅藻土中的 Fe_2O_3、Al_2O_3、MgO 等杂质与酸作用生成可溶性硫酸盐，然后过滤，再用 65 ℃的水洗去可溶性硫酸盐及游离酸后，于 100 ℃下干燥 20 h 而制成的。这种土较原土 SiO_2 含量增加，Al_2O_3、Fe_2O_3 含量下降。

表 7-5 硅藻土的化学成分

产　地	SiO_2/%	Al_2O_3/%	Fe_2O_3/%	CaO/%	MgO/%	烧失量/g
山东（白色片状原土）	74.56	9.04	3.94	1.37	0.83	5.66
山东（白色片状精土）	6.53	2.08	0.10			
吉林（灰白色块状原土）	92.75	2.57	0.50	0.24	0.19	2.89
吉林（灰白色块状精土）	93.96	1.38	0.17	0.13	0.17	3.30
吉林（灰、灰褐色块状原土）	75.31	11.06	3.10	0.70	1.00	6.92

续表 7-5

产 地	SiO_2/%	Al_2O_3/%	Fe_2O_3/%	CaO/%	MgO/%	烧失量/g
吉林（灰、灰褐色块状精土）	88.74	3.23	0.34			
吉林（原土）	73.07	11.40	5.13	0.85	1.00	5.75
吉林（白色块状原土）	90.30	3.27	0.62	0.27	0.29	3.69
四川（灰白色原土）	70.80	13.45	2.35			5.98
四川（灰白色精土）	78.90	11.21	0.06			4.55
浙江（灰白色片状原土）	64.80	16.40	2.31			
浙江（灰白色片状精土）	86.86	4.22	0.23	0.33	0.16	3.10
美国 1	89.70	3.72	1.09	0.30	0.55	3.70
日本	86.00	5.80	1.60	0.70	0.29	4.40
墨西哥	91.20	3.20	0.70	0.19	0.42	3.60
美国 2	83.20	5.15	1.58	1.30	1.41	5.95
美国 3	75.02	5.75	2.56	3.30	1.50	8.22

7.7.2 物化性质

（1）外观特征。纯净的硅藻土一般呈白色土状，含杂质时，常被铁的氧化物或有机质污染而呈灰白、黄、灰、绿以至黑色。一般，有机质含量越高，湿度越大，颜色越深。硅藻土条痕白色，无光泽到土状光泽，不透明，断口粉末状至贝壳状，无解理。大多数硅藻土质轻、多孔、固结差、易碎裂，用手捏之即成粉末。乍一看，其硬度很低，仅 1 ~ 1.5，但硅藻骨骼微粒的硬度则较大，达 4.5 ~ 5。当硅藻土固结硬化后，则变成坚硬的“黑燧石”。

（2）密度。硅藻土的密度视黏土等杂质含量而变化。纯净干燥的硅藻土块密度很小，仅 0.4 ~ 0.9 g/cm^3，能浮于水面。固结硬化后密度接近于 2 g/cm^3，燃烧后可达 2.3 g/cm^3。

（3）熔点。1400 ~ 1500 ℃。

（4）溶解度。除溶于氢氟酸外，不溶于其他酸类，但溶于碱。

（5）对液体的吸附力。由于硅藻土的孔隙率很大，所以对液体的吸附能力很强，一般能吸附等于其本身质量 1.5 ~ 4.0 倍的水。

（6）传导性。硅藻土对声、热、电的传导性极低。密度 0.53 g/cm^3 的干块的热传率在 200 ℃时为 0.158 W/(m·K)，在 800 ℃时为 0.219 W/(m·K)。密度 0.12 g/cm^3 的松散粉状土在 200 ℃时为 0.088 W/(m·K)，在 800 ℃时为 0.277 W/(m·K)。

（7）孔结构。孔结构指硅藻土中硅藻的孔体积，主要是指孔半径。表 7-6 为我国不同产地的硅藻土的孔结构特征。

（8）热稳定性。热稳定性是指将硅藻土加热燃烧后，其表面积、相组成等维持不变的性质。表 7-7 为各地硅藻土加热后比表面积的变化。从表 7-7 中可以看出，天然硅藻土的热稳定性以辽宁抚顺、长白为优。说明 Al_2O_3、Fe_2O_3 含量低的土热稳定性好，反之热稳定性差。而先经酸处理，再在低于 900 ℃温度下燃烧，可提高硅藻土的比表面积。天然硅藻土的主要组成是无定形 SiO_2、含少量石英，以及黏土矿物，加热到 1200 ℃后则形成大量的方石英以及少量的莫来石，后者由黏土矿物转化而成。

表 7-6 我国不同产地的硅藻土的孔结构特征

产地	颜色	质地	堆积密度 /g·cm^{-3}	孔体积 /cm^3·g^{-1}	比表面积 /m^2·g^{-1}	主要孔半径 /nm
山东	白色片状	原土	0.43	0.87	64.9	50~500
		精土	0.29	1.40	65.1	50~800
浙江	灰白色片状	原土	0.57	0.60	46.4	50~800
		精土	0.45	1.35	57.2	50~800
吉林海龙	灰、灰褐色块状	原土	0.34	0.98	46.0	50~500
		精土	0.23			
吉林长白	灰白色片状	原土	0.32	0.45	19.1	50~700
		精土		1.00	21.8	50~700
辽宁抚顺	白色块状	原土			21.7	50~700
		精土				
四川	灰白色	原土	0.64	0.60	33.0	50~400
		精土	0.50	0.97	43.4	50~500

表 7-7 煅烧温度对硅藻土比表面积（m^2/g）的影响

条 件	山 东		吉林长白		吉林海龙	辽宁抚顺	浙江	四川
	原土	精土	原土	精土	原土	原土	原土	原土
未经煅烧	64.9	65.1	19.1	21.8	46.0	21.7	46.4	33.0
650 ℃、2 h	64.3	74.4	20.1	23.3	42.2	21.9	43.2	27.7
900 ℃、2 h	16.4	73.1	15.3	23.5	36.3	21.1	17.5	20.8
1200 ℃、2 h	3.2	11.1	4.9	9.5	8.6	6.1	1.2	6.1

7.7.3 应用

硅藻土具有质硬、孔隙度大、悬浮性强、质轻、隔音、耐磨、耐热、化学性质稳定等特性，所以被广泛用于轻工、化工、建材、石油、医药、卫生等领域。

用硅藻土制成的隔热砖、耐火材料被广泛用于动力机械设备、钢铁冶炼和热处理、石油精炼、窑和陶瓷及冷藏设备上。制糖、酿酒、炼油工业则利用硅藻土的显微孔隙作过滤剂和漂白材料以澄清各种溶液。在涂料、造纸、塑料、油漆、橡胶、杀虫剂等工业中则利用硅藻土的吸附性，作吸附剂和填充剂。硅藻土还可作三合土、水泥、灰泥的混合材料。混凝土中掺入硅藻土后可增进均匀性，防止开裂和析水。硅藻土还可用来制造轻质砖和防火建筑材料。此外，硅藻土还可用于作催化剂载体、磨料和陶瓷原料。对硅藻土的工业技术要求如表 7-8 所示。

表 7-8 不同用途时对硅藻土的质量要求

用途	规格或要求
隔热和隔音材料	粉剂、密度小于 0.6 t/m^3，最好为 0.2 ~ 0.3 t/m^3，湿度不大于 10%，少含熔融铝和其他影响硅藻土润湿效果的金属
助滤剂	硅藻土质地纯净，硅藻含量高、藻类形态完整，杂质含量少、不含易溶解于溶液中的物质，用于食品过滤时，除应符合卫生标准外，还应保持原液体的香味和颜色
吸附剂	要求硅藻土比表面积大，容重低，能吸附比自身重 2.5 倍的水
填充剂（填料）	对硅藻土的颗粒大小、颜色、亮度、吸附性 pH 值、折射率等都有一定要求
催化剂载体	载体是精制的硅藻土，颜色要求为白色，载体性能主要取决于硅藻土的孔结构状态，一般以直链藻的孔结构为最好
建筑材料	主要对水分有要求
其他用途	陶瓷原料和釉面砖要求：SiO_2 >85%，Fe_2O_3 <1%；制造水玻璃要求成分纯净，SiO_2 含量高，且呈非晶状态

7.7.3.1 硅藻土助滤剂

硅藻土助滤剂是以硅藻土为基本原料加工制成的粉末状产品。在工业生产过滤中，它用来帮助被滤液体提高滤速，改善澄清度。特点是可滤除微细的悬浮物，可滤除的最小杂质粒子粒度为 0.1 ~ 1 μm。

硅藻土助滤剂的用途最广，用量最大。在国外发达国家，硅藻土助滤剂的需求量大约每年递增 3%。目前世界上硅藻土的总开采量大约每年 200 万吨，其中 62% ~ 65% 用于加工过滤材料，18% ~ 21% 用于填料，8% ~ 10% 用于催化剂载体，4% ~ 6% 用于隔热保温材料，3% ~ 5% 用于其他方面。

生产助滤剂原料的化学成分要求如表 7-9 所示。

表 7-9 生产助滤剂原料的化学成分要求

化学成分	SiO_2	Al_2O_3	Fe_2O_3	CaO	Ba	Pb	Hg	As
含量/%	>86	<6	<2	<1 ~ 2				
含量（$\times 10^{-6}$）					30	0	0.3	5

生产工艺：硅藻土助滤剂的生产一般分三个工序：

（1）硅藻土原料处理。原料处理的目的是去除杂质，使硅富集。一般用选矿工艺加以提纯。

（2）焙烧。目的是除去硅藻土中的有机质和增加助滤剂颗粒的硬度及大小，改善助滤剂的白度。根据过滤要求，可加熔剂或不加熔剂进行焙烧，焙烧温度一般控制在 800 ~ 1200 ℃之间。焙烧设备在国外采用回转窑。其优点是工艺简单，缺点是能耗高、产品质量不稳定，劳动生产率低、成本高。

（3）产品粉碎分级。经高温焙烧的硅藻土，通过粉碎（不可损坏硅藻结构）、空气分级，得出具有不同粒度组成的助滤剂产品。助滤剂的颗粒大小及分布很重要，颗粒粗，过滤速度快、滤液澄清度低；颗粒细，过滤速度慢，滤液澄清度高。

7.7.3.2 硅藻土填料

填料是硅藻土的第二大用途，磨细的硅藻土粉可用作涂料、纸张、塑料、橡胶和油漆等的填料。硅藻土填料的生产方法，除特殊加工产品外，与助滤剂的生产方法类似。对原料品位要求不高，SiO_2 的含量大于 60% 即可。美国曼维尔公司硅藻土填料的产品特性列于表 7-10。

表 7-10 美国曼维尔公司硅藻土填料的产品特性

性质	纸张		涂料		磨料			改良剂		防堵剂	增强剂
	滚筒造纸机	长网造纸机	强退光剂	低光泽剂	银抛光剂	汽车抛光剂	抛光剂	毒药填充剂	肥料涂膜	聚乙烯	橡胶
	Celite 321A	Celite 305	Celite 281	Celite 499	Snow Floss	Supper Floss	Celite HSC	Celite 209	Celite 379	White Mist	Celite 270
松散密度/$kg \cdot m^{-3}$	112.1	115.2	128	115.2	113.6	139.2	171.2	115.2	126.4	140.8	137.6
湿密度/$kg \cdot m^{-3}$	320	360	320	304	352	416	272	360	307.2	332.8	384
水分/%	4.0	3.0	0.5	0.1	4.1	0.1	0.5	4.0	3.3	0.1	0.3
150 目(0.104 mm)筛余/%		0.1		0		0	5.6	0.1	0.1	0	0.1
325 目筛余/%	8.0	0.4	1.2		0.3	0.1	19.6	0.4	3.0		0.7
油吸附量/%	210	180	145	160	190	120	185	180	190	160	150
颜色	灰色	灰色	白色	白色	灰色	白色	白色	灰色	灰色	白色	粉红色
亮度	65	63	88	89	64	91	86	63	59	90	60
细度/μm			1	4	4.5	3.75				5	
辉度			12	15	50	50				30	
密度/$g \cdot cm^{-3}$	2.0	2.0	2.3	2.3	2.0	2.3	2.3	2.0	2.0	2.3	2.2
pH 值	6.6	6.2	8.7	9.5	6.5	9.2	8.9	6.2	7.1	9.8	6.5
电阻率/$\Omega \cdot m$	3000	3000	13000	7400	3000	5000	9000	3000	4000	6500	30000
折射率	1.42	1.42	1.48	1.48	1.42	1.48	1.48	1.42	1.42	1.48	1.44
比表面积/$m^2 \cdot g^{-1}$	20~30	20~30	0.7~3.5	0.7~3.5	20~30	0.7~3.5	0.7~3.5	20~30	20~30	0.7~3.5	4~6
孔隙度/%	65~85	65~80	65~85	65~85	65~85	65~85	65~85	65~85	65~85	65~85	65~85
粒度/μm	8-1	4-1									
铁磨蚀谷值/mg	440	170	850	495	140	375	1900	170	410	390	300

7.7.3.3 硅藻土隔热保温材料

硅藻土隔热保温材料是我国硅藻土工业中最早发展起来的一种材料，根据生产方法的不同可分为硅藻土质隔热材料和微孔硅酸钙材料。

硅藻土质隔热材料被广泛用于冶金、建材、机械、能源和石化等行业。因硅藻土有发达的多孔表面，质轻，所以为优质的隔热保温材料。

微孔硅酸钙是利用硅藻土比表面积大和具有较高的化学活性的特点，将硅藻土作为硅质材料与钙质材料混合，并用石棉或玻璃纤维等作增强材料，经水热反应生成水化硅酸钙，这种硅酸钙具有很大的比表面积、容重小、热导率低、强度高等优点，故具有良好的隔热保温性能。

7.7.3.4　催化剂载体

正是利用硅藻土的丰富孔隙和高的吸附性，硅藻土被广泛用于催化剂载体、农药载体、化肥载体及色谱分析固定相的载体。作为催化剂载体硅藻土被应用于氧化、还原、加氢、脱氢、水合、聚合、转化、合成、烷基化、脱硫等各类化学反应中。目前硅藻土催化剂载体主要用于制造钒催化剂和镍催化剂载体。

我国的硅藻土催化剂载体始于 1951 年。其生产方法是：将硅藻土原土干燥、粉碎、再用水增湿，加入硫酸搅拌均匀，热煮 6 h，加水稀释，再热煮 6 h，以后用水冲洗至洗液无铁离子为止，过滤干燥得到精制的载体用硅藻土。

我国硅藻土的资源比较丰富，但开发利用却处于初期阶段。发达国家的硅藻土主要应用于轻工助滤剂，在制糖、啤酒、饮料、炼油及污水净化等方面的消耗量约占产量的一半，而我国在这些方面用量都很低。目前我国正在开发硅藻土在助滤剂方面的应用，硅藻土开发应用的另一有前景的用途是作填料，这方面我国也使用的相当少。

7.7.3.5　吸附剂

硅藻土还可作吸附剂，吸附相当于自身质量 2.5 倍的水。经特殊加工的硅藻土粉甚至在加入本身质量 50% 的水后仍然似乎是“干”的。

7.7.3.6　改性材料

将硅藻土作为改性材料，加入沥青路面混合料中，可改善沥青路面混合料的强度、黏性、热压缩致密性等性能，造价低，施工工艺与普通沥青路面的施工完全相同，混合料的功稳定度较大，水稳性能得到大幅度提高，抗裂性有了明显改善，能提高沥青路面的抗老化和疲劳性能。

7.8　伊　利　石

7.8.1　概述

伊利石是一种富钾的层状含水硅酸盐类黏土矿物，因最早（1937 年）发现于美国的伊利岛而得名。伊利石的理想化学式是 $K_{1-x}(H_2O)_x[Al_2(AlSi_3O_{10})(OH)_{2-x}(H_2O)_x]$，属于单斜晶系，含钾（$K_2O$ 6%~9%）和富铝（Al_2O_3 30%~35%）。广泛应用于造纸、农业、陶瓷业、化妆品等，具有极大的应用价值。

根据不同成矿作用所体现的成矿地质条件、矿床规模、矿体形态、赋存特征和矿石组成等方面的差异，伊利石矿床可划分为 3 种成因类型——热液型矿床、沉积型矿床和风化型矿床。

我国伊利石的蕴藏量巨大，分布广，主要在浙江、四川、江西、河北、河南、陕西、甘肃、新疆、内蒙古、吉林、辽宁等地。我国对于伊利石的开发应用研究较晚，利用层次较浅，多数仅作为原矿出口，其深加工产品链较窄。1993 年《非金属矿产品质量标准手册》中给出了不同利用层次的伊利石的质量标准如表7-11所示。

表7-11 伊利石的质量标准 (%)

品级	Al_2O_3	K_2O	SiO_2	$TiO_2+Fe_2O_3$	白度	粒度
陶瓷级	>26	>4		<0.8		
化肥级	>26	>7		<0.8		
出口级	>32	>6	<54	<1.0	>85	2 μm

7.8.2 物化性质

伊利石的性质介于高岭土和蒙脱石之间，遇水膨胀失水收缩没有蒙脱石那么显著。

(1) 粒度。伊利石的形状是等尺寸薄片，颗粒直径是0.1~2 μm，比表面积大，在用于造纸业时可以提高纸张的留着率。

(2) 绝缘性与化学性质。伊利石的绝缘性能很好，而且化学性质稳定，耐腐蚀好，被广泛应用于特种陶瓷中。

(3) 吸附性。伊利石具有极强的吸附性，而且无毒无臭，质软滑腻，被应用于化妆品中。

(4) 独特性。伊利石不具有膨胀性与可逆性，随着温度的升高，表现为收缩、急剧膨胀在急剧收缩。

7.8.3 应用

伊利石作为一种新型黏土矿物，已经在很多领域得到广泛应用。

7.8.3.1 在农业上的应用

因为伊利石中钾含量较高，因此可应用于农业生产。伊利石经过一系列物理、化学处理后，可利用其综合生产氯化钾、钾氮肥、磷钾钙肥等。也可作为缺钾土壤和喜钾作物的岩石粉肥直接施用，特别对酸性土壤，K^+的释放作用更强，增产效果更显著。

7.8.3.2 在橡胶制品中的应用

利用伊利石作为主要原料，经过破碎、表面改性等加工，作为橡胶填料，应用于天然橡胶中取代或部分取代昂贵的炭黑，可降低橡胶的成本，提高其性能。

当前，橡胶行业年消耗工艺炭黑50万吨以上，年消耗普通无机填料千万吨以上，加之其他行业的消耗，填料的市场需求量相当大，因此伊利石作为橡胶制品的填充料，有着巨大的开发潜力。

7.8.3.3 在化妆品中的应用

由于伊利石质软滑感好、分散性好又附着值力强，无毒无臭，并有反射紫外线性能，pH值6~7，接近皮肤的pH值等，可作化妆品用料。

7.8.3.4 在造纸业中的应用

伊利石粒度小，比表面积大，可提高纸张的留着率；白度高，质地细腻、润滑，可改善纸张的性质；抗拉性、弹性及耐磨性好，能增强纸张的耐久性；吸水吸油性、透明度、覆盖力都比较适度，可提高印刷书写效果。伊利石可以用于制造光化壁纸、印刷纸、铜版纸、包装纸等各类纸张。

7.8.3.5 在陶瓷业中的应用

伊利石中较高的铝含量能提高制品强度，较高的钾含量可降低烧成温度。用伊利石配制马赛克、电瓷制品、色泽晶润。陶质制品的釉面砖，如渗配伊利石 5%~8%，可降低烧成温度约 100~120 ℃，烧结温度降低，节能效果很好，降低了产品成本，是伊利石用于陶瓷工业的一大优点。伊利石矿物具有较好的电绝缘性，耐腐蚀性，因此伊利石也可应用在特种陶瓷中。日本还利用伊利石生产高级洁具以及特种陶瓷。

7.8.3.6 在塑料业中的应用

伊利石主要还是用作填料，但是它对聚丙烯等的制造性能和挠曲强度均有所增强。这是因为伊利石粉作为片状增强充填料兼有增量改性作用，伊利石鳞片的高径厚比使塑料的抗拉强度和抗弯强度得到改进。

学习思考题

7-1 简述黏土矿物的定义及其主要物理化学性质。
7-2 分析硅藻土在工业上的主要应用及其原因。
7-3 简述伊利石在农业和橡胶制品中的应用及其作用机制。
7-4 简述黏土矿物吸附性的主要分类及其特点。
7-5 蒙脱石和坡缕石在物化性质上有哪些主要区别?
7-6 论述硅藻土在工业应用中的主要用途。
7-7 简述伊利石的物化性质。
7-8 简述坡缕石和海泡石在环保方面的应用。
7-9 蒙脱石的表面电性来自哪几个方面?
7-10 简述伊利石在陶瓷业中的应用。
7-11 简述高岭石在造纸工业中的应用。

8 电　气　石

❖ 本章提要

本章系统介绍电气石的基础知识及其在各个领域的应用。首先概述电气石的基本情况和性质，进而详细阐述其独特的物理化学性质以及水溶液特性。深入探讨电气石在水处理中的重要作用，包括其净化、过滤及改善水质的能力。此外，本章还将介绍电气石在医疗保健领域的多种应用，如其在促进血液循环、缓解疼痛等方面的潜力。同时，也会讨论电气石在电子领域的应用与发展，尤其是在半导体和电子元件方面的新进展。最后，将阐述电气石在农业领域的应用，如土壤改良和提高农作物产量等方面。通过学习本章，全面了解电气石的多样化应用，并认识到这种独特材料在现代科技中的重要作用。

8.1　概　　述

电气石作为一种非金属矿物材料，具有较高的机械化学稳定性，可重复利用率高，对环境无污染，是很好的绿色环保矿物材料。电气石主要生产国有苏联、美国、缅甸、巴西等国家。非洲也是盛产电气石的地区；中国电气石资源主要分布于新疆、内蒙古、云南、吉林、山东等省区伟晶岩和变质岩发育地区。本章通过对电气石的自发电极性在水质净化和改善方面的研究，初步讨论了电气石在水处理和改善水质方面的应用情况。

水是人类赖以存在的三大生命要素之一。就人体成分而言，水占人体总质量的70%，水对人类是至关重要的。随着工农业生产的高速发展，城镇数量增加及规模迅速扩大，人们对洁净水的需求量将迅速上升。同时，生活和生产活动中产生的污水和废水的排放量也将急剧增加。污水中含有一些对人体和动植物有害和不良影响的污染物，当污水的排放不能得到适当的管理和控制时，将作为污染源影响天然水体的洁净，使水中的污染物超过环境的背景值，破坏了水体原有的性质和用途。调查发现，水质污染严重而不能用于灌溉的河段占22.3%，其中鱼虾绝迹占45%，导致生态功能严重衰退。城镇附近河段受污染率高达90%，对数亿人口饮用水的安全构成重大威胁，导致疾病，劳动力丧失，甚至早衰死亡。

8.2　电气石的物理化学性质

1989年日本学者Kubo注意到河水流经火成岩的地层时，发现电气石的一端可以吸引铜离子，引起了他对电气石的研究，以此推断可能存在自发极化，即永久性电极。20世纪90年代末，日本率先将电气石开创了其在环境保护方面、医疗保健、日用化工、建筑装潢、水质处理、空气净化、节能、水产养殖，以及屏蔽电磁辐射等各个领域的研究和应用，其效果已远远胜于常用的物理、化学制品或其他矿物、沸石、硅藻土等处理效果，可称为“环境友好材料”。

电气石化学成分非常复杂，是电气石族矿物的总称，其化学式可表示为 $Na(Mg,Fe,Mn,Li,Al)_3Al_6Si_6O_{18}(BO_3)(OH,F)_4$。颜色因成分不同而异，有黑色、褐色、红色及蓝绿色等，晶体常呈柱状，次为纤维状集合体，具有玻璃光泽，硬度7～7.5，密度（2.9～3.2）×10^3 kg/m^3。具有显著的热电性、压电性，自发极化性，透明的晶体纵向切面有偏光和多色性等特点。电气石族矿物的基本性质如表8-1所示。

表8-1 电气石族矿物常见晶形与颜色、密度、硬度

矿物名称	常见晶形	颜色	密度/g·m^{-3}	硬度
布格电气石	棱柱状	古铜色、褐色，少见黄绿色、蜜黄色	3.31	7
铬镁电气石	棱锥状	暗绿色，近黑色	3.39～3.41	
镁电气石	等轴状	褐色，浅绿黑色，浅褐黑色	2.9～3.29	
锂电气石	棱柱状	鲜绿色，有时类似祖母绿色、粉红色，可见价值昂贵的红、绿相间环带的碧玺	2.84～3.10	
铁镁电气石	等轴状和短柱状	黑色，富镁的变种含褐色、蓝色极为罕见	3.26	7
钙锂电气石	棱柱状	多种颜色，跟锂电气石一样	3.05	
黑电气石	棱柱状和等轴状	黑色为主，偶见黄、褐、绿和蓝色极罕见	2.82～3.24	
钙镁电气石	等轴状	黑褐到黑色	3.1	7.5
铁钙镁电气石	等轴状	黑褐色	3.207	7
无碱铁电气石	柱状	浅蓝黑色、浅蓝色	3.17	7
无碱锂电气石	柱状	浅粉红色	3.0	7

同时电气石还具有如下独特的性能：

（1）电气石在常温下能发射高发射率的远红外线。其波长范围恰在与人体相匹配的4～14 μm波段，发射率高达0.92以上。因为其是具有显著压电效应的特殊电介质，又是具有热电效应的稀有晶体，即使在常温下，一旦压力或温度发生微小的变化，其内部即发生强烈的振动，偶极距则发生剧烈的变化，便产生波长在4～14 μm、发射率为0.92以上的红外辐射。

（2）电气石具有释放负离子的性能。负离子作用如下：使氧自由基无毒化；使液体呈弱碱性；使空气质量得到改善；负离子对促进健康的直接效应；负离子对人体各系统的直接生理效应。

（3）电气石具有生物电的性能。电气石的生物电性能为生物电极微弱电流（0.06 mA），永久地连续产生负静电，使水瞬间负离子化。

8.3 电气石的水溶液特性

8.3.1 电气石对水溶液中离子的吸附作用

电气石结构紧密，金属离子不易进入其内部，因此电气石对离子的吸附主要是由于其表面吸附。电气石的表面性质和电极性使其对离子可能存在络合吸附和静电吸附两种形式。电气石可以同时吸附阴阳离子，且吸附量不受本身离子交换量的限制。在溶液中，正负离子在电气石两端聚集，达到一定浓度后析出。目前已经有研究电气石对水中 Cu^{2+}、Zn^{2+}、As(Ⅲ)、F^- 等离子吸附效果机理的文章发表。这些研究表明电气石对离子的吸附作用受到溶液的 pH 值、电气石的粒径、用量、煅烧温度等条件的影响。

8.3.2 电气石对水 pH 值的调节

电气石颗粒通过自发电极性影响水溶液的氧化还原电位，调节水溶液的 pH 值，使之趋向中性。电气石使酸性溶液 pH 值增大，除电极性之外，表面吸附 H^+ 和表面阳离子交换吸附 H^+ 也是重要因素。酸性溶液中，电气石用量的增多使得表面作用增强，溶液的 pH 值开始阶段上升较快，而随着用量的继续增多，电气石微粒的电极会产生相互作用，从而削弱了与水溶液间的作用，导致反应速率明显下降。在碱性溶液中，溶液的 pH 值并非随着电气石用量的增多而逐渐降低。这是因为表面吸附作用与电极作用在小于 10 min 的时间内相互矛盾，前者对后者具有抑制作用使得电气石与水的反应速率相对较慢。在随后的反应时间里，电极作用单独影响溶液的 pH 值，是溶液 pH 值降低。

8.3.3 电气石对水的电解作用

在电气石表面厚度十几微米范围内存在 $10^7 \sim 10^4$ V/m 的高场强。在此高强度的静电场的作用下，电气石附近的水分子发生电解，形成 H^+ 和 OH^-，H^+ 和水分子结合形成活性分子 H_3O^+，活性分子具有极强的界面活性，可以吸引水中的杂质、污垢，起到净化水源的作用；OH^- 和水分子结合形成负离子，可以增加空气中的负离子数，改善人们的生活环境。

8.4 电气石的综合利用

8.4.1 电气石在水处理中的应用

8.4.1.1 废水治理中的应用

由于电气石类似于磁铁磁极的自然电极的存在，不仅具有抗水污染作用，而且还可以用于净化空气和生活保健用品。据有关文献报道，日本用电气石和微生物的混合超微粒子撒布的方法净化琵琶湖的庞大污水处理工程。汤云晖等研究了电气石的粒度、用量及环境条件（pH 值、温度、搅拌）对水中 Cu^{2+} 吸附的影响，分析了电气石对 Cr^{6+} 废水的净化原理，电气石本身的静电场对 Cu^{2+} 的吸附作用使 Cu^{2+} 与表面的离解产物 OH^- 在电气石表面发生反应，形成沉淀，从而达到净化目的。

同时，电气石还是环保型绿色材料，在其处理完之后，还可以对其进行再生，不会对环境造成二次污染。因此，电气石在废水处理中具有极大的优势。

8.4.1.2 改善饮用水的水质

随着工农业生产的高速发展，城镇数量增加及规模迅速扩大，人们对洁净水的需求量将迅速上升，另外，水源受污染程度逐年加重，改善饮用水的工作势在必行。

A 对饮用水的氧化还原电位的影响

氧化还原电位是衡量氧化还原反应的一个参数，其电位越高，则表明反应系统中各物质混合后所表现出总的氧化能力越高。饮用水的氧化还原电位越低，即表明水体中的氧化剂含量越少，属还原水，水质越好。目前，我国大部分自来水厂均采用传统的氯消毒处理工艺，采用的氧化剂主要为氯、二氧化氯等，并且为了保证消毒的效果，国家标准规定管网末梢水的余氯含量不低于0.05 mg/L。上述强氧化剂的存在以及水源被不断污染，使自来水的ORP值在360~400 mV之间，并呈现逐渐升高的趋势，而人体理想的饮用水氧化还原电位应在+200 mV以下。上述强氧化剂在消毒的同时，还可以产生相应的消毒副产物：次氯酸、三氯甲烷、亚氯酸盐和氯酸盐等，严重影响人体健康。电气石在水中的电极反应，能较好地解决余氯的消除以及氧化剂的减少。

B　重金属等有害元素的去除

电气石具有极性吸附性，是由于其两极电荷对溶液中带电粒子的吸引，主要表现为：在电场的作用下，正负离子在电气石周围聚集，达到一定浓度后发生结晶析出。通过表面吸附，吸附的阴阳离子可以在电气石表面上浓集，达到一定浓度后，可形成难溶物质结晶析出，有利于回收利用。电气石对溶液中阴阳离子的吸附，与其他硅酸盐矿物不同，不受本身离子交换量的限制。电气石的吸附与众不同之处在于：能同时吸附阴阳离子。由于电气石的异极对称结构，导致晶体两端极化电荷的产生，在电气石周围出现了以 c 轴轴面为两极的静电场，能自发吸引溶液中的带电粒子。

电气石的这些性质让其对饮用水中的重金属元素等有害重金属元素有了很强的吸附能力，以水中 Cr^{6+} 为例，在电场作用下，水溶液中 Cr^{6+} 被吸附到电气石的周围，与电气石表面羟基解离而成的 OH^- 形成稳定的 $Cr(OH)_6$ 沉淀。由于 Cr^{6+} 带正电，受到电气石微粒的电场作用时首先被吸附到电气石的负极，导致负极周围 Cr^{6+} 浓度增加，形成沉淀。

C　使水的矿物质和微量元素提高

电气石可以在水中释放出11种矿物质和微量元素，托玛琳含有钠、镁、铁、锰、锂、铝、硅、硼、氧、氢、氟等。依靠托玛琳天然有益的矿物质可在水中微溶解原理，能够使水得到矿化。我们现在所饮用的水中微量元素含量比较缺乏，尤其是市场上卖的纯净水，几乎将水中有益的物质过滤掉了，对孩子身体健康不利。如果人们天天喝的水含有人体所需的微量元素和矿物质，对提高人体免疫能力，减少疾病非常必要。所以水中加入适量的电气石，可以增加水体的矿物质含量，益于人体健康。

依据微孔陶瓷特殊的结构，将托玛琳粒子均匀分布其中，当水通过弯曲的通道时，会充分与托玛琳粒子接触，更大限度发挥其特性。在饮用水过滤装置中可以考虑应用由电气石制作而成的微孔陶瓷装置。

电气石可应用于废水处理中去除重金属离子，处理完后的水还可经过再生循环利用，减少了处理废水带来的二次污染，是理想的绿色环保新型材料。电气石可应用于改善饮用水水质，不仅去除了水中的有害物质，而且为人们的饮用水提供了有益的矿物元素。

8.4.2　电气石在医疗保健领域的应用

电气石，一种独特的硅酸盐矿物，近年来在医疗保健领域引起了广泛的关注。其独特的物理和化学特性，如压电性、热释电性、远红外辐射以及释放负离子的能力，使得电气石在医疗保健领域具有巨大的应用潜力。

8.4.2.1 电气石与医疗器械及包装材料

电气石粉可以广泛应用于医疗器械和医疗包装材料中。由于其抗菌抑菌的性能，将电气石粉添加到医疗防护服、橡胶手套、口罩布等材料中，可以有效减少细菌和病毒的滋生，降低交叉感染的风险。在医疗手术过程中，无菌环境至关重要，而电气石的应用为创造更安全的医疗环境提供了有力支持。

此外，电气石还可以用于制作医疗包装材料。传统的医疗包装材料可能无法完全阻止微生物的侵入，而加入电气石粉的包装材料则能显著增强其抗菌性能，从而保护医疗器械和药品的卫生与安全。

8.4.2.2 电气石在热敷与灸疗设备中的应用

电气石的远红外辐射特性使其在热敷和灸疗设备中具有显著优势。远红外线能够深入人体组织，促进血液循环，加速新陈代谢，从而达到缓解疼痛、消除疲劳的效果。将电气石粉添加到热敷仪、灸疗仪等设备中，可以显著提高这些设备的疗效。

在实际应用中，电气石热敷设备已被广泛用于治疗各种慢性疼痛疾病，如关节炎、颈椎病、腰肌劳损等。患者在使用这些设备后，往往能感受到明显的疼痛缓解和舒适度提升。同时，远红外线的温热效应还有助于促进炎症消散和组织修复，对于康复治疗具有重要意义。

8.4.2.3 电气石在保健用品中的应用

除了医疗器械和热敷设备外，电气石还被广泛应用于各种保健用品中。例如，将电气石粉添加到足贴、膏药、暖宝宝等产品中，可以利用其远红外辐射和负离子释放功能，达到舒缓疲劳、促进新陈代谢的效果。

这些保健用品在日常生活中使用方便，深受消费者喜爱。特别是对于长时间站立、工作疲劳或经常运动的人群来说，使用含有电气石的保健用品可以有效缓解脚部疲劳、促进血液循环，提高生活质量。

8.4.2.4 电气石对人体健康的益处

电气石的应用不仅局限于医疗器械和保健用品，其对人体健康的益处也是多方面的。首先，电气石释放的负离子有助于净化空气、改善呼吸环境。负离子能够中和空气中的正离子，减少静电和尘埃对人体的危害，从而提高室内空气质量。

其次，电气石的远红外辐射功能有助于促进人体血液循环和新陈代谢。当远红外线照射到人体时，能够产生共振效应，使细胞内的水分子活化，加速血液循环和毒素排出。这对于改善人体微循环、增强免疫力、延缓衰老等方面都具有积极作用。

最后，电气石的抗菌抑菌性能也有助于维护人体健康。在日常生活中，细菌和病毒无处不在，而电气石的抗菌作用能够有效减少病原体的滋生和传播，降低感染风险。

8.4.2.5 电气石在医疗保健领域的发展前景

随着科技的不断进步和加工工艺的日益完善，电气石在医疗保健领域的应用将更加广泛和深入。未来，我们可以预见以下几个发展趋势：

（1）纳米化技术应用。通过纳米技术将电气石粉纳米化，可以进一步提高其在复合材料中的分散性和生物活性，从而增强其医疗保健效果。纳米化的电气石粉将有望成为未来医疗保健领域的新宠。

（2）拓展新的应用领域。除了上述提到的应用领域外，电气石还有可能拓展到更多的医疗保健领域，如口腔护理、皮肤护理等。其独特的电气性能和热释电效应将为这些领域带来新的治疗方法和产品。

（3）与其他材料的复合应用。电气石可以与其他功能性材料进行复合，形成具有多重功效的复合材料。这类材料将有望在医疗保健领域发挥出更大的作用，满足人们多样化的健康需求。

电气石在医疗保健领域的应用具有广泛的前景和潜力。其独特的物理和化学特性使得电气石成为一种理想的医疗保健材料。未来随着科技的不断进步和研究的深入进行，我们期待电气石在医疗保健领域能够发挥更大的作用，为人类的健康事业作出更大的贡献。同时，我们也需要关注电气石应用的安全性和有效性问题。虽然电气石具有诸多益处，但在实际应用中仍需遵循科学的原则和方法进行合理利用。通过加大研究和监管力度，确保电气石在医疗保健领域的应用能够真正造福于人类健康。

8.4.3 电气石在电子领域的应用与发展

电气石，这一独特的矿物材料，在近年来逐渐成为电子领域中的新星。凭借其特殊的电气性质和物理特性，电气石在电子领域中找到了广泛的应用。本书将探讨电气石的基本性质、在电子领域的多种应用、其带来的优势与挑战，以及预测其未来的发展趋势。

电气石，又称为压电石英，是一种具有压电效应和热电效应的矿物。当受到外力作用或温度变化时，电气石能够产生电荷，这一独特的性质为其在电子领域的应用提供了可能。除了压电和热电效应外，电气石还具有良好的电气绝缘性、高热稳定性和出色的机械强度。

8.4.3.1 电气石在电子领域的应用

A 电气绝缘

电气石的出色电气绝缘性使其成为高压电气设备中的理想绝缘材料。在电力变压器、电容器和其他高压设备中，电气石常被用作绝缘垫片或绝缘涂层。其高绝缘强度和耐高温的特性确保了电气设备在长时间运行中的安全性和可靠性。

B 电子封装

由于电气石的高热稳定性和机械强度，它也被广泛应用于电子元件的封装。在半导体器件、集成电路和其他微小电子元件中，电气石作为封装材料，可以有效地保护元件免受外界环境如湿气、尘埃和化学物质的侵蚀，从而提高电子产品的稳定性和使用寿命。

C 电子涂料

近年来，将电气石微粉添加到电子涂料中已成为一种趋势。这种功能性涂料不仅增强了电子产品的防静电、防辐射能力，还提高了其耐腐蚀性和耐磨性。例如，在手机、电脑和其他消费电子产品中，涂有电气石涂料的外壳能更好地保护内部电子元件。

8.4.3.2 电气石在电子领域的优势与挑战

A 优势

独特的电气性能：电气石的压电和热电效应为其在传感器、能量转换等领域提供了广阔的应用空间。

出色的绝缘性：能够确保电气设备在高压和高温环境下的安全运行。

高热稳定性和机械强度：使得电气石成为理想的电子封装材料。

B 挑战

成本问题：电气石的开采和加工成本相对较高，可能限制了其在某些低成本产品中的应用。

环境影响：电气石的性能可能受到温度、压力等环境因素的影响，需要在设计和应用时加以考虑。

8.4.3.3 电气石的未来发展趋势

随着科技的进步，电气石在电子领域的应用将更加多样化。在物联网、5G 通信、人工智能等新兴技术的推动下，对高性能电子材料的需求将不断增长。电气石凭借其独特的电气性能和物理特性，有望在这些领域发挥更大的作用。未来，通过进一步的研究和开发，我们有望看到电气石在柔性电子、可穿戴设备、能量收集与转换等领域展现出更大的潜力。

综上所述，电气石以其独特的电气性能和物理特性，在电子领域中展现出了广泛的应用前景。虽然面临成本和环境影响等挑战，但随着科技的不断发展和市场需求的不断增长，电气石有望在电子领域中发挥更加重要的作用。通过持续的研究和创新，我们可以期待电气石在未来电子领域中的更多精彩表现。

8.4.4 电气石在农业领域的应用

电气石，这一独特的矿物质，在多个领域中均展现出了其不凡的应用价值。除了广为人知的电子领域应用外，电气石在农业领域也发挥着越来越重要的作用。本书将探讨电气石在农业领域的应用，并分析其带来的优势与挑战，同时预测其未来的发展趋势。

8.4.4.1 电气石在农业领域的应用

A 土壤改良

电气石可以研磨成粉末，与有机肥料混合后撒在土壤上。这种做法可以有效地改善土壤结构，提高土壤的松散度，进而增加土壤的空气含量和排水性能。这样的土壤环境更有利于植物根系的生长和发育，为农作物的高产稳产创造有利条件。

此外，电气石粉末还可以为土壤提供丰富的矿物质元素，这些元素是植物生长所必需的，能够进一步促进农作物的健康生长。

B 叶面喷施与种子处理

电气石粉末可以通过喷洒的方式对作物进行叶面施肥。这种方法能够使农作物迅速吸收电气石中的矿物质元素，提高农作物的抗逆性和产量。同时，电气石还可以用于制作种子涂层，为种子补充必要的生长元素，提高种子的发芽率和生长速度。

C 水体净化与水产养殖

在水产养殖方面，电气石可以作为一种天然的水体澄清剂。它能够吸附并处理污水中的有害物质，改善水质，为水产养殖提供更为健康的水体环境。这对于提高水产品的质量和产量具有重要意义。

由于电气石的自发极化性，它也能改善海水的性能。夏枚生等研究了电气石对海水

pH 值的调控，探讨了电气石用量、海水盐度、初始 pH 值等因素对 pH 调控的影响。研究表明，电气石不仅可以将酸性条件下的海水调至中性弱碱性，还可将碱性条件下的海水调至中性弱碱性，同时，盐度影响电气石调控海水的 pH 值速率。结果还表明电气石对海水的电导率基本无影响。将电气石调控海水 pH 值这一特性可应用于改善水产养殖和水体水质，并且不污染环境。

8.4.4.2　电气石在农业领域的优势与挑战

A　优势

天然环保：电气石是一种天然矿物质，无毒无害，对环境友好，符合现代农业可持续发展的要求。

多功能性：电气石在农业领域具有多种应用方式，如土壤改良、叶面喷施、种子处理等，为农业生产提供了全方位的支持。

提高农作物质量：通过改善土壤环境和水质，电气石能够有效地提高农作物的产量和品质，增加农民的经济收入。

B　挑战

成本问题：尽管电气石具有诸多优点，但其开采和加工成本相对较高，可能在一定程度上限制了其在农业领域的广泛应用。

技术推广：目前，电气石在农业领域的应用技术尚未完全成熟，需要加强研发和推广工作，以便让更多的农民了解和接受这种新型的农业投入品。

8.4.4.3　电气石在农业领域的未来发展趋势

随着人们对食品安全和环保意识的不断提高，电气石这种天然、环保且多功能的农业投入品将会受到越来越多的关注。未来，通过进一步的研究和开发，电气石在农业领域的应用将会更加广泛和深入。例如，可以探索电气石与其他有机肥料或生物农药的复配使用，以提高农作物的抗逆性和产量；还可以研究电气石对特定农作物生长发育的影响机制，以便更精准地指导农业生产实践。

综上所述可知，电气石以其独特的性质和多功能性在农业领域中展现出了广阔的应用前景。尽管目前还存在一些挑战和问题需要解决，但随着科技的不断进步和人们环保意识的提高，相信电气石将会在未来的农业生产中发挥更加重要的作用。通过持续的研究和推广工作，我们可以期待电气石为现代农业的可持续发展作出更大的贡献。

学习思考题

8-1　电气石具有哪些独特的性能?

8-2　电气石的水溶液特性是什么?

8-3　简述电气石在水处理中的应用。

8-4　简述电气石在电子领域的应用。

8-5　论述电气石在电子领域的优势与挑战。

8-6　简述电气石在农业领域的应用。

8-7　论述电气石在农业领域的未来发展趋势。

9 蛇纹石

❖ 本章提要

本章全面介绍蛇纹石的物理化学性质、分类、鉴定特征及其多样化应用。首先，深入探讨蛇纹石的物理化学特性，为后续的应用提供理论基础。接着，详细阐述蛇纹石的分类及鉴定方法，帮助读者准确识别和评估蛇纹石的质量。在此基础上，系统介绍蛇纹石在耐火材料制造、陶瓷生产、氧化镁和硫酸镍提取等多个方面的综合利用。此外，还将探讨蛇纹石矿的其他应用途径，展示其在工业领域的广泛价值。通过学习本章，可以深入了解蛇纹石的特性与应用，为其在材料科学和工业领域的研究与实践提供有力支持。

9.1 蛇纹石的物理化学性质

蛇纹石是一种含水的富镁硅酸盐矿物的总称，如叶蛇纹石、利蛇纹石、纤蛇纹石等。它们的颜色一般常为绿色调，但也有浅灰、白色或黄色等。因为它们往往是青绿相间，像蛇皮一样，故此得名。蛇纹石的结构常会有卷曲状，像纤维一样。这样的蛇纹石常被当作石棉用。块状或纤维状的蛇纹石都会具有光泽，块状如蜡，纤维状如丝。人们将蛇纹石当作建筑用材料，有些可当作耐火材料，颜色好看的还可以制成装饰品或工艺品。除此以外，蛇纹石还可用来制造化肥。

蛇纹石的化学式为 $Mg_6[Si_4O_{10}](OH)_8$，其中 MgO 占 43%，SiO_2 占 44.1%，H_2O 占 12%。自然界中的蛇纹矿常含有 Fe、Mn、Ni、F、Cu、Cr 等元素。这些元素除 F 取代 OH 外，其他元素以内质同象混入。蛇纹石矿物属单斜晶系，晶格为层状构，层内为离子键。层间为分子键，产出形隐晶质致密块状集合体。具有蛇皮状的黑绿、灰绿、黄绿色斑纹。

蛇纹石常见颜色有绿至绿黄、白色、棕色、黑色，呈蜡状光泽至玻璃光泽，无解理面，硬度大概为 2.5～4，密度：2.57（+0.23，-0.13）g/cm^3。

不同的产地产出的蛇纹石矿物成分的含量和物理性质差异有所不同，表 9-1 列出了部分产地蛇纹石的矿物组成。

表 9-1 部分产地蛇纹石矿物组成

名　称	MgO/%	CO_2/%	SiO_2/%	Fe_2O_3/%	Al_2O_3/%	NiO/%	烧失/g
东海蛇纹石矿	39.60	0.56	38.20	7.31	1.20	0.23	14.60
澎县蛇纹石矿	37.21	1.24	36.41	8.85	0.36	0.31	12.87
弋阳蛇纹石矿	39.12	0.26	36.71	8.12	1.14	0.24	11.34
建西蛇纹石矿	37.45	1.25	41.35	6.61	0.81	0.50	11.57

9.2 蛇纹石的分类

按蛇纹石结晶和形态特点。可分为三类：晶质片状者称为叶蛇纹石；纤维状者称蛇纹石石棉；富含水的胶凝状或颗粒极微小者称为胶蛇纹石。

叶蛇纹石由于类质同象混入的杂质不同又分为铁叶蛇纹石、锰叶蛇纹石、镍叶蛇纹石、铝叶蛇纹石、氟叶蛇纹石等五种。

蛇纹石石棉（又称纤蛇纹石）因类质同象元素的不同又可分为铁纤蛇纹石、锰纤蛇纹石、镍纤蛇纹石、铝纤蛇纹石、铬纤蛇纹石和氟纤蛇纹石等六种。

9.3 蛇纹石的鉴定特征

蛇纹石（图 9-1）质玉形态呈细腻的致密块体，少数为纤维状块体。蛇纹石质玉颜色的变化与色素离子种类不同和含量的变化密切相关，常见有白、黄、绿、黄绿、蓝绿、褐、褐红、暗绿和暗黑等色。绿色和翠绿色往往含有铬和镍，其矿物成分常含绿泥石，深色者富含铁、铝和钛。浅色者含铁、铝、钛低，含钙较高。半透明到微透明，蜡状光泽，纤维状块体为丝绢光泽，平坦贝壳状或片状参差状断口，密度 2.44～2.80 g/cm^3，硬度 2.5～5，含有透闪石等杂质时硬度明显增高。蛇纹石质玉石质地呈细腻的致密块体，质地细腻，用手触摸有滑感。它由细小纤维状、叶片状和胶状蛇纹石晶体组成，呈网斑状结构。有时在均匀分布的基底上，可见密集堆积的云朵状白色斑状。少数纤维状块体琢磨后有猫眼效应。蛇纹石质玉是在地质作用过程中形成的、达到玉石级的主要由微细纤维状蛇纹石类矿物组成的集合体，这一定义可以与蛇纹岩和其他玉石相区别。

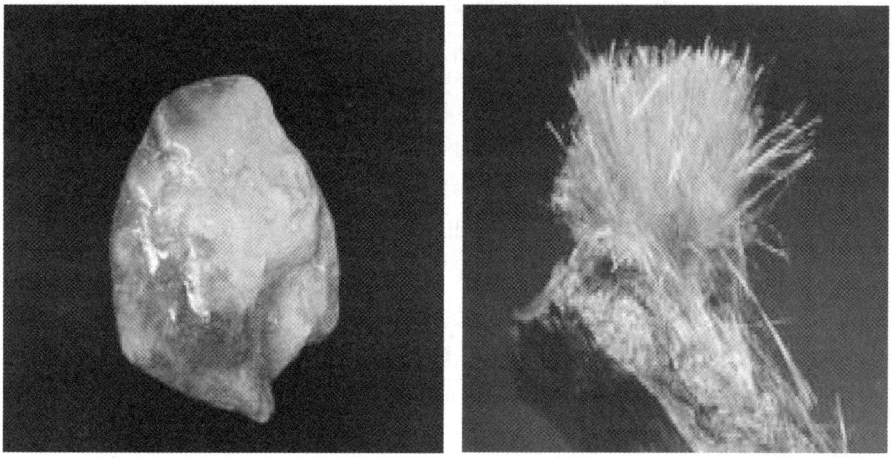

蛇纹石　　纤蛇纹石

图 9-1　蛇纹石和纤蛇纹石

9.4 蛇纹石的用途

蛇纹石类矿物由于具有耐热、抗腐蚀、耐磨、隔热、隔音、较好的工艺特性及伴生有益组分，因而应用前景广阔，目前主要用于以下几个方面：

（1）制造化肥。蛇纹石与磷灰石或磷块岩一起煅烧，可制成钙镁磷肥，如单独施用蛇纹岩细粉，也有一定肥效。特别是用于玉米、薯类、豆类以及块根、块茎类作物，效果较好。

（2）作耐火材料。如唐山钢铁厂用蛇纹石制成蛇纹石焦炉砖，重庆、太原等钢厂用蛇纹石制成镁橄石砖，作为碱性耐火材料，效果很好。

（3）医药工业。用蛇纹石可作为制造泻利盐的原料。

（4）提炼金属镁。含镁较高的，可以提炼金属镁。从含钴、镍较高的蛇纹岩中，还可提炼钴和镍。

（5）提取纤维状非晶硅。从蛇纹岩中提取的非晶硅与碳在高温下反应，可制成硅的晶须、晶粉和晶体。

（6）雕刻材料。鲜艳透明、半透明、质地致密坚硬的蛇纹岩可作为玉石工艺品原料。中国蛇纹岩玉已有十余种，例如辽宁的岫岩玉载誉国内外。

（7）生产铸石或岩棉的辅助原料。铸石或岩棉配料中，若 MgO 不足时，可采用蛇纹岩作为辅助原料，以提高 MgO 含量，相对降低 Al_2O_3、CaO 含量。

9.5 蛇纹石的综合利用

9.5.1 制造耐火材料

耐火材料是指耐火度不低于 1580 ℃的材料。按组成元素的不同。耐火材料分为：黏土砖、铝质耐火材料、镁质耐火材料、半硅质、碳质和轻质耐火材料以及纯氧化物特殊耐火材料等。蛇纹石可用于制作镁质耐火材料。镁质耐火材料主要成分为 MgO 占 80% 左右，主要杂质为 SiO_2、CaO、Al_2O_3、Fe_2O_3 等，其中原料要求含铁低于 1%。

蛇纹石的组成成分对制成的耐火材料的性能有显著影响。一般 MgO 与 SiO_2 之比值越大，含 FeO 越低，则耐火度越高，其颜色也越深。生产工艺流程如图 9-2 所示，蛇纹石含 Fe_2O_3 都大于 1%，因此需先用磁选除去铁矿物。耐火材料的用途很广，其中冶金工业的用量占耐火材料总产量的 60% ~ 70%。随着科学技术的发展，许多尖端技术如原子能、火箭等都需要具有特殊性能的耐火材料。

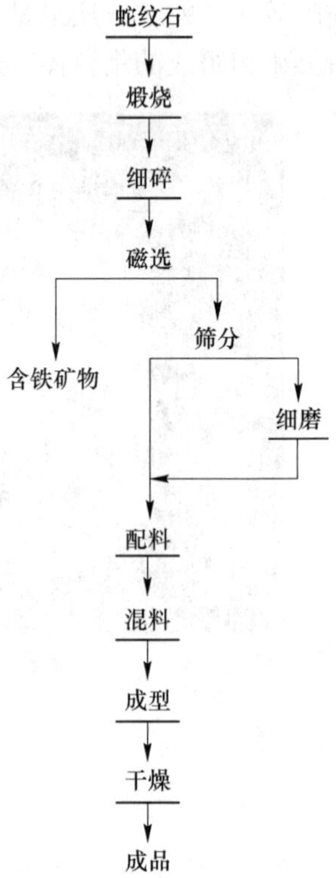

图 9-2　耐火材料生产工艺流程图

9.5.2 蛇纹石陶瓷

陶瓷是天然或人工合成的粉状化合物，经成型和高温烧结而成，直接利用天然矿物原料制成的陶瓷称为普通陶瓷，这类陶瓷具有原料来源广，成本低、用量大等特点；采用高纯度的合成原料制成的陶瓷称为新型陶瓷。

蛇纹石可用作普通陶瓷中的日用陶瓷和化工陶瓷的

原料。这类陶瓷属于镁质陶瓷的一种，具有透明度高，釉表面光润柔和、呈蓝绿色调。白度达 80 以上。蛇纹石瓷的生产过程有三个主要阶段：坯料制备、成型和烧结。制备阶段包括煅烧、粉碎、精选、配料、粉料、浆料等。成型阶段包括干压、注浆、挤制、热压等；烧结阶段包括初步干燥、沫釉、烧结等工序。

因蛇纹石矿中夹存有白云岩和石棉，对原料粉碎和成型不利，故须经 1400 ℃煅烧，使石棉和白云岩分解成 MgO 和 CaO。蛇纹石本身失水成为镁橄榄石和斜顽火辉石。煅烧后的蛇纹石还含有金属矿物等杂质，所以需精选除杂。

江西省景德镇市是闻名的瓷都，具有烧制陶瓷的悠久历史。如何利用好传统技术，寻找出新的资源，开发出新的产品，则是面临的问题。据悉山东省、河北省等利用蛇纹石已研制出颇具特色的陶瓷新产品。江西省拥有蛇纹石资源，结合传统的陶瓷生产技术、发展蛇纹石陶瓷是具有广阔前景的。

9.5.3 提取氧化镁

镁的密度小，能与其他金属生成高强度合金。在航天、冶金、化工、运输、军事等方面用途十分广泛。

镁的生产方法大致有氧化镁电解法和热还原法等，可用硅热还原法从蛇纹石中直接获得金属镁，其反应式为：

$$2(3MgO\cdot 2SiO_2)+2Si+14CaO\longrightarrow 7(2CaO\cdot SiO_2)+6Mg$$

此法以纯硅作还原剂，并需加入足量的石灰，缺点是原材料成本高，能耗大。以化学方法提取氧化镁具有原材料来源广、价格低、耗能小的优点。因此，用酸浸法从蛇纹石中提取氧化镁不失为一条经济合理的工艺途径。

酸浸提取氧化镁、以蛇纹石矿为原料酸浸提取氧化镁的工艺主要有活化煅烧和浸取两大部分。

（1）活化煅烧蛇纹石不溶于弱酸，为促使其溶解，可采取去羟基化反应煅烧活化，其中的 MgO 和 SiO_2 被游离得到活化，MgO 的活化状况取决于温度、时间、粒度和气压等因素。研究结果表明：最适宜的煅烧温度为 500 ~ 700 ℃，温度低于 500 ℃，活化作用不充分；温度高于 700 ℃，则易形成镁橄榄石，引起活性 MgO 比例下降。

（2）浸取工艺浸出剂可选用 H_2SO_4、HCl、HNO_3、含 CO_2 的水、SO_2 的水等。当以 HCl 作浸出剂时，化学反应式为：

$$Mg_6[Si_4O_{10}](OH)_8+12HCl\longrightarrow 6MgCl_2+4H_4SiO_4+2H_2O$$

$$MgCl+CaO+H_2O\longrightarrow Mg(OH)_2+CaCl_2$$

$$Mg(OH)_2\longrightarrow MgO+H_2O$$

从蛇纹石矿中酸浸提取氧化镁有以下特点：（1）直接以蛇纹石矿为原料，可在矿就地进行生产。（2）工艺流程简单，成本较低。（3）浸出剂来源广，价格便宜。

9.5.4 提取硫酸镍

在钙镁磷肥生产过程中，可得到含镍副产品：磷镍铁（Ni 3%~6%，P 18%，Fe >6%）。磷镍铁经平炉吹炼后获得镍磷铁。其化学成分为：Ni 45%~55%、Fe 38%、P 6%。目前从镍磷铁中提取镍主要采取火法-湿法联合流程，将镍磷铁经转炉吹炼进一步富集镍，获得含 Ni 75%~85%、Fe >15%、基本不含 P 的镍铁合金。然后以此作为阳极，经湿法电解得到电解镍。火法湿法处理工艺虽可获得镍金属，但是设备要求严格，投资大、成本高，对一般蛇纹石矿和磷肥厂来说难以接受。因此，研究出以全湿法工艺处理镍磷铁，使镍以硫酸镍形式产出的方法十分必要。提取硫酸镍的流程主要有两大步骤，即电溶造液和除杂。

（1）电溶造液。在这一步骤中，阳极中的 Ni、Co、Fe、Zn、Cu 等被溶解呈离子状态进入溶液，其中 Cu 进入溶液后以黑色海绵铜形态在阴极上析出。

（2）除杂。镍磷铁中的主要杂质为 Fe、P、Cu、Zn、C 等。造液后溶液中 Fe 浓度很高，为便于除 Fe，先向溶解中加入适量的次氯酸钠，使部分 Fe^{2+} 变成 Fe^{3+}，然后控制温度 50 ℃，以碳酸钠稳定 pH 值在 1.7 ~2.0 范围内，滴加次氯酸钠使部分铁以黄钠铁矾形式沉淀下来，剩余的铁则通过提高 pH 值使铁磷以磷酸高铁和氢氧化铁共沉淀形式予以除去。

除铜锌可通过加入 H_2S 气体使它们生成硫化物沉淀除去。

钴的价值很高，对提高镍磷铁的综合利用率很有意义，通过添加次氯酸钠，溶液维持在：温度 35 ~45 ℃，pH 值为 2.5。净化后溶液含 Co 低于 0.005 g/L。钴渣中钴镍比为 1∶4，经酸溶后可使钴镍比提高到（5 ~6）∶1。这种钴渣可作为钴原料出售。

（3）结晶硫酸镍的制备：除杂后的溶液用碱处理可获得氢氧化镍沉淀，然后用硫酸溶解，调整 pH 值至 4.5，可获得结晶硫酸镍，其质量可达 YB 750 - 70 中的一级品标准。

提取硫酸镍的工艺特点：（1）工艺简单、流程短。（2）综合利用程度高，产品多，并且除生产硫酸镍外，还可生产氯化镍、氧化镍、氧化亚镍等。（3）利用本工艺亦可处理其他含镍原料。

9.6 蛇纹石的其他综合利用

蛇纹石矿的综合利用具有极高的经济价值和环保意义。除了常见的用途如制造钙镁磷肥和提取氧化镁之外，蛇纹石矿还有许多其他的综合利用方式。以下将详细介绍蛇纹石矿的多种应用及其在各领域的重要性。

（1）制作 Ca-Mg-P 肥和矿物肥料。蛇纹石和磷矿粉（各占 35%~40% 和 60%~65%）及焦炭以适当配比后，在 1200 ~1400 ℃下熔融，然后将融体骤冷获玻璃 Ca-Mg-P 肥，其有效磷约 14%~22%，适于酸性土壤使用。粉状蛇纹石还可直接用作矿物肥料，据研究对作物施加后，可提高农作物质量，增加叶绿素含量和土壤固氮能力。

（2）作冶炼溶剂。在炼铁时将蛇纹石与待烧结矿配加后，可改善烧结矿的结构特征和机械强度。在铸石或岩棉的生产过程中，蛇纹石可以作为辅助原料，用于调节产品的化学成分和提高产品的性能。特别是在 MgO 含量不足时，添加蛇纹岩可以有效提高 MgO 含量，从而改善产品的耐火性和隔热性能。

（3）作人造大理石。用水泥将蛇纹石先凝固成薄板状，经抛光后即成人造大理石。该大理石具有色泽艳丽、质地致密坚硬、湿润光洁、可塑性好等特点，可用于建筑和工艺材料。

（4）作水泥原料。蛇纹石中含的许多矿物成分都与水泥原料要求的相近。因此，只需稍加配比，蛇纹石即可用生产硅酸盐水泥。

（5）医药工业原料。蛇纹石还可以作为制造泻利盐的原料，在医药工业中发挥重要作用。泻利盐是一种常用的轻泻剂，用于治疗便秘等症状。蛇纹石的这一用途为医药行业提供了新的原料来源。

（6）雕刻材料。质地致密坚硬的蛇纹岩经过加工后，可以成为精美的玉石工艺品。例如，辽宁的岫岩玉就是以蛇纹石为主要成分的玉石，其色泽鲜艳、透明度高，深受玉石爱好者的喜爱。

（7）环保与循环经济。蛇纹石的综合利用还体现在环保和循环经济方面。通过提取蛇纹石中的有价元素，不仅可以实现资源的最大化利用，还可以减少废弃物的排放。同时，提取过程中产生的废水、废渣等也可以通过循环利用技术进行处理和再利用，从而降低生产成本并减少对环境的污染。

综上所述，蛇纹石矿的综合利用具有极高的经济价值和环保意义。通过深入挖掘蛇纹石的多种用途和潜在价值，我们可以更好地利用这一宝贵的自然资源，为社会的可持续发展作出贡献。

学习思考题

9-1　简述蛇纹石的物理化学性质。

9-2　蛇纹石的用途主要有哪些？

9-3　简述蛇纹石制备耐火材料生产工艺流程。

9-4　蛇纹石提取硫酸镍的工艺特点是什么？

9-5　论述蛇纹石在农业、医疗方面的综合利用。

9-6　简述蛇纹石陶瓷的制备工艺。

10 白　云　石

❖ 本章提要

本章全面介绍白云石的矿产资源分布、开发现状及其物理化学性质。首先概述全球及我国白云石的资源状况和开采情况，进而详细阐述白云石的独特物理化学性质，深入探讨白云石矿产品的多种用途及其相关标准，了解其市场应用。此外，还系统介绍白云石在炼钢工业、耐火砖与耐火材料制品、陶瓷行业、环保与节能领域以及农业领域的综合利用，展示其广泛的应用前景和经济价值。通过学习本章，了解把握白云石的特性与应用，为其在工业和农业等多个领域的合理利用提供有力支持。

10.1　矿产资源分布与开发现状

据不完全统计，全球菱镁矿已探明储量约为130亿吨，我国含镁白云石储量40多亿吨，主要分布在英国、德国、法国、比利时、西班牙、意大利、波兰、印度尼西亚、日本、澳大利亚、韩国、泰国、印度、南非、美国、加拿大、墨西哥、巴西等国家，每年生产的白云石产品主要用于钢铁和玻璃工业。

我国白云石矿储量占世界首位，分布广泛，蕴藏丰富，常为裸露的高地，有利于开采。主要产地在山东、辽宁、山西、河北和两湖等地。然而，目前许多地区对白云石矿的开发利用，仍停留在初级产品的加工阶段。如湖北省谷城县，经过普查，初步确定白云石矿的地质储量有4.1亿吨，主要成分为MgO、CaO、SiO_2、Fe_2O_3，其平均含量分别为21.29%、30.42%、0.78%、0.13%，属储量大、品质好的矿产资源，潜在价值约为85亿元。而该县对这部分矿产资源的开发，主要只进行简单的初级产品加工，然后就被销往武汉、河南等地，既降低了资源的利用率，同时也减少了矿业收益。

江西省内也蕴含有丰富的白云石资源，其中冶金用白云岩、化工用白云岩和玻璃用白云岩分别占全国比重为13.9%、58.5%和3.9%，主要分布在九江、宜春和赣州等地区，是江西省的优势非金属矿产资源。目前该类资源均有不同程度的开发利用，但开发程度低，仍处于初级产品阶段。

10.2　物理化学性质

白云石，化学成分为$CaMg[CO_3]_2$，是一种晶体属三方晶系的碳酸盐矿物。它在自然界中广泛存在，是组成白云岩和白云质灰岩的主要矿物成分。以下是对白云石的物理化学性质的详细介绍。

10.2.1　物理性质

（1）颜色和光泽。白云石多为白色、灰色，也可因含其他元素和杂质而呈现出灰绿、灰黄、粉红等色。它通常具有玻璃光泽。

（2）硬度和密度。白云石的摩氏硬度在 3.5～4 之间，密度大致在 2.8～2.9 g/cm^3 之间。

（3）晶体形态。白云石的晶体常呈菱面体，晶面往往弯曲成马鞍状，具有三组完全解理。它通常以块状、粒状集合体的形式出现。

（4）光学特性。在薄片中，白云石可能无色透明，有时也呈混沌灰色。它常呈自形的菱形切面，并可能显示出环带构造。在正交偏光下，白云石的干涉色可能微类似珍珠晕彩的高级白色。

（5）其他特性。白云石的聚片双晶不如方解石常见，如果出现，通常为（0221）聚片双晶。此外，它还具有脆性。

10.2.2　化学性质

（1）化学成分。白云石的主要化学成分是 $CaMg[CO_3]_2$，即钙镁碳酸盐。

（2）与酸的反应。当白云石的矿物粉末遇到冷稀盐酸时，反应相对缓慢，可能会微微发泡或不发泡。

（3）热分解。在加热条件下，白云石会发生分解反应。具体来说，在 730～740 ℃时，$MgCO_3$ 开始分解，产生 MgO（氧化镁）和 CO_2（二氧化碳）。当温度继续升高到大约 910 ℃时，$CaCO_3$ 开始分解，此时 CO_2 全都被除去，生成氧化钙及氧化镁的混合物。

10.3　白云石矿产品的用途及其标准

10.3.1　白云石矿产品的用途

白云石矿用途广泛，可用于建材、陶瓷、玻璃和耐火材料、化工以及农业、环保等领域。白云石的主要用途如表 10-1 所示。

表 10-1　白云石的主要用途

应用领域	主 要 用 途
冶金行业	生产金属镁、碱性耐火材料、炼铁高炉堵孔材料
化工行业	生产碳酸镁、氧化镁、硫酸镁、氢氧化镁和白云石粉
建材行业	生产镁质胶凝材料、作为玻璃生产原料和陶瓷生产原料
农业	用于中和土壤中的酸性、生产钙镁磷肥、作为畜禽饲料添加剂
其他	环保行业用白云石细粉、涂料行业用白云石细粉

10.3.2　白云石矿产品类别

根据白云石的用途，白云石的产品主要分冶炼炉料用白云石、耐火材料用白云石、玻璃工业用白云石和化工用氧化镁类，如表 10-2 所示。

表 10-2　白云石的产品类别和执行标准

应用行业	产品类别	产品执行标准
钢铁工业	冶炼炉料用白云石	YB/T 5278—2007
	耐火材料用白云石	YB/T 5278—2007
建筑工业	玻璃工业用白云石	JC/T 649—1996
	镁质胶凝材料用原料	JC/T 449—2008
化学工业	轻烧氧化镁	YB/T 5206—2004
	工业轻质氧化镁	HG/T 2573—2006

白云石矿产品分类如表 10-3 所示。

表 10-3　白云石矿产品分类

白云砂	6～10 目（3.327～1.651 mm）；10～20 目（1.651～0.833 mm）；20～40 目（0.833～0.63 mm）；40～80 目（0.833～0.175 mm）；80～120 目（0.175～0.121 mm）
白云石粉	10 目通过
白云石超细粉	140 目（0.106 mm）；325 目（0.043 mm）；600 目（23 μm）；1000 目（13 μm）；1600 目（10 μm）

白云石矿根据其成分的含量分为以下几个利用级别，如表 10-4 所示。

表 10-4　白云石矿的分级及其各组分含量　（%）

级别	CaO	MgO	SiO_2	Fe_2O_3	Al_2O_3	P_2O_5
特级	≥30	≥20	≤1.0	≤0.07	≤0.03	≤0.07
一级	≥30	≥19	≤2.0	≤0.12		
二级	≥19	≤3.5				

10.3.3　白云石矿产品使用标准

10.3.3.1　钢铁工业用标准

钢铁工业用白云石标准执行 YB/T 5278—2007 相关规定，冶金炉料用白云石和耐火材料用白云石的化学成分及其粒度规格要求分别如表 10-5～表 10-7 所示。

表 10-5　冶金炉料用白云石化学成分

牌号	化学成分（质量分数）/%						
	SiO_2	MgO	CaO	Al_2O_3	P_2O_5	S	Fe_2O_3
LBYS19	≤3.0	≥19	≥30.0	≤0.85	≤0.16	≤0.025	≤1.2

表 10-6 耐火材料用白云石化学成分

牌 号	化学成分（质量分数）/%			
	MgO	$Al_2O_3+Fe_2O_3+SiO_2+Mn_3O_4$	SiO_2	CaO
NBYS22A	≥22		≤2	≥10
NBYS22B	≥22		≤2	≥6
NBYS20A	≥20	≤1.0		≥25
NBYS20B	≥20	≤1.5	≤1.0	≥25
NBYS20C	≥20	≤3	≤1.5	≥25
NBYS19A	≥19	—	≤2.0	≥25
NBYS19B	≥19	—	≤3.5	≥25
NBYS18	≥18	—	≤4	≥25
NBYS16	≥16	—	≤5	≥25

表 10-7 钢铁工业用白云石粒度规格

粒度规格/mm	上限/mm	百分比含量/%	下限/mm	百分比含量/%
0～5	5～6	≤5	—	—
5～20	20～25	≤5	3～5	≤10
10～40	40～45	≤5	8～10	≤10
25～50	50～60	≤10	20～25	≤10
40～80	80～100	≤10	30～40	≤10
80～120	120～140	≤10	70～80	≤10

10.3.3.2 建筑工业用标准

玻璃工业用白云石标准执行 JC/T 649—1996 规定，其化学成分和粒度要求如表 10-8、表 10-9 所示。

表 10-8 玻璃工业用白云石化学成分

级别	化学成分/%					水分/%
	MgO	CaO	Fe_2O_3	SiO_2	Al_2O_3	
优等品	≥21.0	≤31.0	≤0.1	≤2.0	≤1.0	≤1
一级品	≥20.0	≤32.0	≤0.2	≤2.0	≤1.0	
合格品	≥18.0	≤34.0	≤0.25	≤2.0	≤1.0	

表 10-9 玻璃工业用白云石粒度规格

规格/mm	产率/%				
	+300 mm	+150 mm	+50 mm	-20 mm	-10 mm
300～20	0	—	—	≤10	—
150～20	—	0	—	≤10	—
50～10	—	—	0	—	≤10

由菱镁矿（$MgCO_3$）经轻烧、粉磨而制成的轻烧氧化镁以及由盐卤液经干燥处理而制得的氯化镁，可作为镁质胶凝材料用原料，执行 JC/T 449—2008 规定要求，轻烧氧化镁的物理化学性能如表 10-10 所示，氯化镁的化学组成如表 10-11 所示。

表 10-10 轻烧氧化镁的物理化学性能

指标		级别		
		Ⅰ级	Ⅱ级	Ⅲ级
氧化镁/活性氧化镁/%		≥90/70	≥80/55	≥70/40
游离氧化钙/%		≤1.5	≤2.0	≤2.0
烧失量/%		≥6	≥8	≥12
细度（80 μm 筛析法）筛余		≤10	≤10	≤10
抗折强度/MPa	1天	≥5.0	≥4.0	≥3.0
	3天	≥7.0	≥6.0	≥5.0
抗压强度/MPa	1天	≥25.0	≥20.0	≥15.0
	3天	≥30.0	≥25.0	≥20.0
凝结时间	初凝/min	≥40	≥40	≥40
	终凝/h	≤7	≤7	≤7
安定性		合格	合格	合格

表 10-11 氯化镁的化学组成

项目	指标
氯化镁（$MgCl_2$）/%	≥43
钙离子（Ca^{2+}）/%	≤0.7
碱金属氯化物（以 Cl^- 计）/%	≤1.2

10.3.3.3 化学工业用标准

用白云石作为原料制得的轻烧氧化镁广泛用于耐火材料、建材、造纸、化工、橡胶、陶瓷、农牧业等途径，其化学组成执行 YB/T 5206—2004 规定要求，如表 10-12 所示。

表 10-12 轻烧氧化镁的牌号及其化学成分

牌号	化学成分（质量分数）/%				
	MgO	SiO_2	CaO	Fe_2O_3	灼烧减量，LOI
CBM96	≥96.0	≤0.5	—	≤0.6	≤2.0
CBM95A	≥95.0	≤0.8	≤1.0	—	≤3.0
CBM95B	≥95.0	≤1.0	≤1.5	—	≤3.0
CBM94A	≥94.0	≤1.5	≤1.5	—	≤4.0
CBM94B	≥94.0	≤2.0	≤2.0	—	≤4.0
CBM92	≥92.0	≤3.0	≤2.0	—	≤5.0
CBM90	≥90.0	≤4.0	≤2.5	—	≤6.0
CBM85	≥85.0	≤6.0	≤4.0	—	≤8.0
CBM80	≥80.0	≤8.0	≤6.0	—	≤10.0
CBM75	≥75.0	≤10.0	≤8.0	—	≤12.0

工业轻质氧化镁主要用于塑料、橡胶、电线、电缆、染料、油脂、玻璃陶瓷等途径，其化学组成执行 HG/T 2573—2006 规定要求，如表 10-13 所示。

表 10-13 工业轻质氧化镁的化学成分

项目	指标					
	Ⅰ类			Ⅱ类		
	优等品	一等品	合格品	优等品	一等品	合格品
氧化镁（MgO）质量分数/%	≥95.0	≥93.0	≥92.0	≥95.0	≥93.0	≥92.0
氧化钙（CaO）质量分数/%	≤1.0	≤1.5	≤2.0	≤0.5	≤1.0	≤1.5
盐酸不溶物质量分数/%	≤0.1	≤0.2	—	≤0.15	≤0.2	—
硫酸盐（以 SO_4 计）质量分数/%	≤0.4	≤0.5	≤1.0	≤0.5	≤0.7	
筛余物（125 μm 试验筛）质量分数/%	≤0	≤0.03	≤0.05	≤0	≤0.05	≤0.1
铁（Fe）质量分数/%	≤0.05	≤0.06	≤0.10	≤0.05	≤0.06	≤0.10
锰（Mn）质量分数/%	≤0.003	≤0.010	—	≤0.003	≤0.010	—
氯化物（以 Cl^- 计）质量分数/%	≤0.07	≤0.20	≤0.30	≤0.15	≤0.20	≤0.30
灼烧失量质量分数/%	≤3.5	≤5.0	≤5.5	≤3.5	≤5.0	≤5.5
堆积密度/$g \cdot mL^{-1}$	≤0.16	≤0.20	≤0.25	≤0.20	≤0.20	≤0.25

10.4 白云石的综合利用

白云石是仅次于菱镁矿的第二大碱性耐火原料，主要用来生产镁钙系耐火材料（包括镁钙砖和镁钙质不定形耐火材料等），年消耗量在 200 多万吨。镁钙系耐火材料的耐火度高，抗渣性能强，高温力学稳定性好，不污染钢水，并且还能捕捉钢液中的 S、P 等非金属杂质从而净化钢液，是镁铬砖的理想替代品，因此被广泛应用于炼钢转炉、电炉、精炼炉以及连铸中间包，特别是在冶炼特种钢、洁净钢方面起着重要作用。具体应用于以下几个方面。

10.4.1 白云石在炼钢工业中的应用

白云石是炼钢工业中不可或缺的耐火材料。它可以作为炼钢转炉衬、平炉炉膛、电炉炉壁等热工设备的内衬材料。白云石砖作为炉衬时，采用喷补白云石喷补料的方法，可以显著提高炼炉的寿命。白云石中的游离 CaO 在炼钢过程中可以吸收钢液中的杂质，提高钢液的质量。白云石在炼钢工业中的应用主要体现在以下几个方面：

（1）增加炉温。在炼钢过程中，加入适量的白云石可以提高炉温，使钢铁炉内的熔融状态更加稳定。这种稳定状态有利于提高钢铁生产效率，同时减少冶炼时间和能源消耗。

（2）调节炉渣性质。白云石作为一种炉渣调节剂，能有效地调节炉渣的性质。在炼钢过程中，炉渣中可能含有高浓度的氧化和硫化物，这些物质对钢铁的质量和纯度有着显著影响。通过加入白云石，可以稀释这些有害物质，并中和炉渣的酸度，从而降低对钢铁品质的不良影响。

（3）去除有害元素。磷和硫是钢铁生产过程中的有害元素，会影响钢铁的强度和耐腐蚀性。白云石可以作为磷和硫的吸附剂，使这些元素在炉渣中浓集并随炉渣排出，从而有效减少磷和硫对钢铁的危害。

（4）脱硫效果。白云石不仅用于制造炼钢石灰，还因其良好的脱硫性能而被直接使用。在炼钢过程中加入白云石可以促进钢水中硫的还原和脱除，显著降低钢中的硫含量，进而提高钢的质量。

（5）提高稳定性。白云石在炼钢过程中能平稳地释放二氧化碳，不会引发安全事故，如爆炸。同时，其不易吸潮的特性也保证了炼钢过程的稳定性。

（6）降低能耗。白云石还具有一定的催化作用，可以加速炼钢过程中的化学反应，从而在一定程度上降低能耗，提高生产效率。

（7）替代传统原料。与传统的石灰石等原料相比，白云石具有更佳的稳定性和脱硫效果。其较高的镁和钙含量还可以提高钢水的浸渍性和脱氧能力。

总的来说，白云石在炼钢工业中的应用广泛且重要，它不仅可以提高钢铁生产效率，还能显著提高钢铁的质量。

10.4.2 白云石在耐火砖与耐火材料制品的应用

白云石可用于生产各种耐火砖和耐火材料制品，如镁钙砖、镁钙碳砖、镁钙砂等。这些制品广泛应用于各种高温炉窑的砌筑和维修，如水泥窑、玻璃熔窑、陶瓷窑等。白云石制品具有良好的高温稳定性和抗侵蚀性，能够有效抵抗高温熔融物的侵蚀。白云石在耐火砖与耐火材料制品中的应用主要体现在以下几个方面：

（1）白云石砖的制造。白云石是制造白云石砖的主要原料。白云石砖通常含有40%以上的氧化钙（CaO）和35%以上的氧化镁（MgO），以及少量的氧化硅（SiO_2）、氧化铝（Al_2O_3）、三氧化二铁（Fe_2O_3）等杂质。当砖中的CaO/MgO质量比小于1.39时，称为镁质白云石砖。

白云石砖具有良好的耐火性能，耐火度通常可达到1600～1700 ℃，且在使用过程中表现出较好的抗压、抗弯和抗磨损性能。

（2）耐火材料的多样化应用。除了白云石砖，白云石还被用于制造镁钙砖，包括以合成镁钙砂或白云石砂和镁砂为主要原料生产的镁钙砖。白云石也用于生产不烧镁钙（碳）砖，这是一种以不同粒度的烧结白云石砂、镁砂和/或石墨为主要原料，不经烧成而能直接使用的耐火材料。利用白云石还可以制备各种镁钙不定形耐火材料，如电炉炉底捣打料、中间包涂抹料等。

制砖工艺的特点：白云石砖的制造过程包括白云石砂的煅烧和砖的成型。白云石矿石需在1650～1850 ℃高温下煅烧成致密的白云石砂。根据生产工艺的不同，白云石砖可分为焦油（沥青）结合不烧砖、轻烧油浸砖和烧成油浸砖等。

性能与存放注意事项：白云石砖含游离CaO，在空气中易于水化崩裂，因此不宜长期存放。尽管白云石砖具有较高的耐火度，但其抗酸、抗碱、抗氧化能力相对较弱，且在某些炉窑中的使用寿命可能相对较短。

综上所述，白云石在耐火砖与耐火材料制品中的应用广泛，是制造多种耐火材料的关键原料，其制成品在高温环境下能够保持稳定的性能和形状。

10.4.3 白云石在陶瓷行业中的应用

白云石在陶瓷行业中扮演着举足轻重的角色，其独特的物理和化学性质为陶瓷制品的生产提供了优质的原材料。以下将详细阐述白云石在陶瓷行业中的具体应用及其重要性。

10.4.3.1 白云石在陶瓷生产中的基本作用

（1）增加透明度和亮度。在透明瓷器的生产中，白云石的加入能够显著提升产品的透明度和亮度，使瓷器呈现出更加晶莹剔透的效果。

（2）提高陶瓷强度和韧性。白云石具有较高的硬度和耐磨性，其作为陶瓷的添加剂可以有效提高陶瓷制品的强度和韧性，使其在高端餐具和装饰瓷器中得到广泛应用。

（3）改善烧结性能。白云石在高温下能够分解为氧化钙和二氧化碳，这两种物质在陶瓷烧制过程中起到促进烧结的作用，有助于改善陶瓷制品的烧结性能，使制品形状更为完整、均匀。

10.4.3.2 白云石在陶瓷生产中的具体应用

（1）生产透明瓷器。在透明瓷器的生产中，白云石通常作为重要的添加剂使用，其加入量及配比会经过严格控制，以达到最佳的透明度和亮度效果。

（2）制造高强度陶瓷。白云石在制造高强度陶瓷制品时，其添加量会根据具体需求进行调整。一般来说，加入适量的白云石可以显著提高陶瓷制品的强度和韧性。

（3）生产建筑陶瓷。在建筑陶瓷的生产中，如墙砖、地砖和马赛克等，白云石也是重要的原料之一。它可以提供所需的硬度和耐磨性，使建筑陶瓷更加耐用。

（4）制作艺术陶瓷。白云石在艺术陶瓷生产中的应用同样广泛。通过精心调配白云石的添加量和配比，可以制作出各种精美绝伦的陶艺品。

10.4.3.3 白云石在陶瓷生产中的优势

（1）原料丰富。白云石作为一种广泛分布的矿产资源，其原料丰富、易于获取，为陶瓷生产提供了稳定的原材料供应。

（2）性能优越。白云石具有独特的物理和化学性质，如高硬度、耐磨性和良好的烧结性能等，这些性质使得白云石成为陶瓷生产中不可或缺的优质原料。

（3）环保节能。白云石在陶瓷生产中的应用有助于降低能耗和减少污染排放，符合环保和可持续发展的要求。

综上所述，白云石在陶瓷行业中具有广泛的应用和重要的地位。通过不断优化白云石的添加量和配比以及改进生产工艺，可以进一步提高陶瓷制品的质量和性能，推动陶瓷行业的持续发展。

10.4.4 白云石在环保与节能领域的应用

白云石不仅在传统工业领域如耐火材料和陶瓷行业中占据重要地位，其在环保与节能领域的应用也日益凸显。随着环保意识的提高，白云石在耐火材料领域的应用也逐渐向环保和节能方向发展。例如，利用白云石生产的耐火材料可以降低炉窑的能耗，提高热效率；同时，白云石中的 CaO 可以与烟气中的 SO_2 反应生成硫酸钙，从而达到脱硫的目的，减少环境污染。以下将详细阐述白云石在环保与节能领域的应用及其优势。

10.4.4.1 环保领域的应用

（1）重金属吸附。白云石具有表面吸附作用，能有效吸附废水中的重金属离子。陈森等利用白云石吸附废水中的 Cd^{2+}，当 $pH<7$ 时，最大吸附量为 10.546 mg/g。不同解吸剂对白云石吸附的重金属离子解吸率均较低，表明白云石对重金属的吸附非常稳固，不易重新释放到环境中，有助于防止二次污染。

（2）磷回收。磷污染主要来自含磷的农药化肥和洗涤剂等，白云石可以通过其孔道的过滤性作用和矿层间的离子交换作用，从污泥厌氧消化液中回收磷。Yuan 等以白云石作为吸附剂吸附磷酸盐离子，在 pH 值为 9.5、温度为 30 ℃、反应时间为 50 min、粒径小于 0.074 mm、磷酸盐初始浓度为 50 mg/L、吸附剂用量为 10 g/L、搅拌速度为 250 r/min 的条件下，磷酸盐去除率可达 99% 以上；经除磷反应后，剩余磷酸盐浓度完全满足国家第二类污染排放标准的要求。

（3）硼去除。硼污染主要来自硼工业生产排放的废水及残渣，白云石对废水中的硼有良好的吸附效果。魏尊莉等将 900 ℃预烧后的白云石放入废水中吸附硼，在最佳条件下，白云石对废水中硼的去除率大于 90%，处理后废水中硼浓度达到生活饮用水标准。

10.4.4.2 节能领域的应用

（1）节能型耐火材料。白云石经高温煅烧后形成的白云灰，具有洁白、黏着力强、凝固力及良好的耐火、隔热性能，可用于生产节能型耐火材料。

这些材料在炼钢、玻璃制造等高温工业中能够显著降低能耗，提高热效率。

（2）环保型建材。白云石可用于生产镁质水泥等环保型建材，这些建材不仅具有良好的物理性能，而且生产过程能耗低、污染小。

镁质水泥等建材的广泛应用有助于推动建筑行业向更加环保、节能的方向发展。

10.4.4.3 优势总结

（1）成本低廉。白云石作为一种广泛分布的矿产资源，其原料丰富、成本低廉，使得其在环保与节能领域的应用具有显著的经济优势。

（2）环保无污染。白云石在环保领域的应用能够有效去除废水中的重金属、磷、硼等污染物，防止二次污染，对保护环境具有重要意义。

（3）节能高效。白云石在节能领域的应用能够显著降低能耗、提高热效率，有助于推动工业向更加节能、高效的方向发展。

综上所述，白云石在环保与节能领域具有广泛的应用前景和显著的优势。未来随着环保意识的提高和节能技术的不断发展，白云石在这些领域的应用将更加广泛和深入。

10.4.5 白云石在农业领域的应用

白云石在农业领域的应用主要集中在土壤改良方面，以下是对其应用的具体阐述。

10.4.5.1 提高土壤肥力

钙元素和微量元素补充：白云石中含有大量的钙元素和微量元素，这些元素是植物生长所必需的。通过将白云石添加到土壤中，植物能够充分吸收这些养分，从而提高土壤肥力。

促进植物根系发育：白云石中的硅、铝等矿物质元素可以促进植物根系的发育，有助于植物更好地吸收土壤中的水分和养分。

增加植物产量：由于白云石能够改善土壤环境，促进植物根系的生长，因此它可以提高植物的产量。据研究表明，适当添加白云石的土壤能够使农作物增产 10%~20%。

10.4.5.2 改变土壤结构

吸附和离子交换能力：白云石具有一定的吸附和离子交换能力，可以吸附土壤中的多余盐分和有害物质，减少对植物生长的影响。

调节土壤结构：白云石还能调节土壤结构，促进土壤的团粒化，提高土壤通透性和透气性，有利于植物的生长。这种改良后的土壤更有利于植物根系的呼吸和生长。

增加土壤水分保持能力：白云石能够增加土壤的水分保持能力，提高土壤的保水性和抗旱性。这对于干旱地区的农业生产具有重要意义。

10.4.5.3 平衡土壤酸碱度

白云石中的主要成分是碳酸钙，可以在土壤中中和酸性物质，减轻土壤的酸性，使土壤的酸碱度达到较为平衡的状态。这对于改善土壤酸性、提高土壤的肥力和促进植物的健康生长具有重要意义。

综上所述，白云石在农业领域的应用主要体现在提高土壤肥力、改变土壤结构和平衡土壤酸碱度等方面。通过添加白云石，可以显著改善土壤环境，促进植物的生长和发育，提高农作物的产量和品质。

学习思考题

10-1 简述白云石的物理化学性质。

10-2 论述白云石在耐火砖与耐火材料制品的应用。

10-3 简述白云石在炼钢工业中的应用。

10-4 白云石在环保与节能领域的应用有哪些?

10-5 简述白云石在陶瓷行业中的应用。

10-6 简述白云石在农业领域的应用。

参考文献

[1] 李一鸣．天然白云石催化臭氧氧化深度处理煤化工废水的评价实验研究［D］．北京：中国石油大学，2023.

[2] 张晓晖，吴瑞华，汤云晖．电气石的自发电极性在水质净化和改善领域的应用研究［J］．中国非金属矿工业导刊，2004（3）：40-42.

[3] 巫静，吴春龙，黄绳纪，等．电气石性能与环保领域的产品开发应用［J］．广州化工，2006，34（4）：69-71.

[4] 郑世斌．铝合金表面蛇纹石复合微弧氧化陶瓷膜层制备及性能研究［D］．大连：大连海事大学，2018.

[5] 祖恩东，段云彪．电气石净化处理含 Cr^{6+} 废水的研究［J］．材料保护，2005，38（9）：45-58.

[6] 文圆，黄惠宁，张国涛，等．电气石性能与应用研究发展［J］．陶瓷，2019（2）：17-24.

[7] Gein A K，Novoselov K S. The rise of graphene［J］．Nature，2007，6（3）：183-191.

[8] Novoselov K S，Gein A K，Morozov S V，et al. Electricfield effect in atom ically thin carbon films［J］．Science，2004，306（5696）：666-669.

[9] 张仲．基于蛇纹石的自修复涂层制备及摩擦学性能研究［D］．沈阳：沈阳工业大学，2021.

[10] 宋峰，于音．什么是石墨烯——2011 年诺贝尔物理学奖介绍［J］．大学物理，2011，30（1）：7-11.

[11] Geim A K. Graphene：Status and prospects［J］．Science，2009，324（5934）：1530-1534.

[12] Wu J S，Pisula W，Mullen K. Graphenes as potential material for electronics［J］．Chem. Rev.，2007，107（3）：718-747.

[13] Rao C N R，Sood A K，Voggu R，et al. Some novel attributes of graphene［J］．Phys. Chem. Lett.，2010，1（2）：572-580.

[14] Allen M J，Tung V C，Kaner R B. Honeycomb carbon：A review of Graphene［J］．Chem. Rev.，2010，110（1）：132-145.

[15] 林杰赐，陈炳耀，陈明毅．浅谈电气石在负离子涂料中的应用［J］．现代涂料与涂装，2020，23（4）：30-32.

[16] Liu N，Luo F，Wu H X，et al. One-step ionic-liquid-assisted electrochem ical synthesis of ionic-liquid-functionalized grapheme sheets directly from graphite［J］．Adv. Funct. Mater.，2008，18：1518-1525.

[17] Yu T，Wang J，Ding N，et al. Tourmaline for heavy metals removal in wastewater treatment：A review［J］．Journal of Industrial and Engineering Chemistry，2023，131：44-53.

[18] Qian H L，Negri F，Wang C R，et al. Fully conjugated tri（perylene bisimides）：an approach to the contruction of *n*-type graphene nanoribbons［J］．Journal of the American Chemical Society，2008，130：17970-17976.

[19] Subrahmanyam K S，Panchakarla L S，Govindaraj A，et al. Novel magnetic properties of graphene presence of both ferro magnetic and antiferromagnetic features and other aspects［J］．Journal of Physical Chemistry C，2009，113：9982-9985.

[20] Schniepp H C，Li J L，McAllister M J，et al. Functionalized single grapheme sheets deriverd from splitting graphite oxide［J］．Journal of Physical Chemistry B，2006，110：8535-8539.

[21] 庞渊源．石墨烯在半导体光电器件中的应用［J］．液晶与显示，2011，26（3）：296-299.

[22] 梁金生，张喜，王丽娟，等．非金属矿物强韧氧化物陶瓷基复合材料研究进展［J］．现代技术陶瓷，2022，43（Z1）：387-404.

[23] 沈贺，张立明，张智军．石墨烯在生物医学领域的应用［J］．东南大学报，2011，30（1）：218-

223.
[24] 韩秀山. 湿法云母粉的应用 [J]. 中国粉体工业, 2007 (2): 12-17.
[25] 毕冬梅, 张凯真, 易维明, 等. 白云石基多孔陶瓷负载 Al_2O_3 催化生物质热解试验 [J]. 农业机械学报, 2019, 50 (10): 315-322.
[26] 袁领群. 湿法云母粉生产工艺实践 [J]. 中国非金属矿工业导刊, 2002 (1): 24-25.
[27] 金山. 湿法云母粉的应用领域 [J]. 精细化工原料及中间体, 2006 (7): 14-15.
[28] Liang Y, Tang X, Zhu Q, et al. A review: Application of tourmaline in environmental fields [J]. Chemosphere, 2021, 281: 130780.
[29] 高春华, 黄新友. 云母钛珠光颜料的制备及应用 [J]. 江苏大学学报, 2002, 23 (2): 78-82.
[30] 张有瑜. 粘土矿物与粘土矿物分析 [M]. 北京: 海洋出版社, 1990.
[31] 杨雅秀. 中国粘土矿物 [M]. 北京: 地质出版社, 1994.
[32] 柳坤鹏, 胡金能, 刘贺峻, 等. 电气石应用研究进展 [J]. 中国粉体技术, 2022, 28 (6): 124-132.
[33] 李晓敏, 寇晓威. 伊利石: 一种前景广阔的新型粘土矿物材料 [J]. 世界地质, 2000, 19 (4): 346-349.
[34] 齐男, 梁成华, 杜立宇, 等. 热改性蛇纹石对 Pb^{2+} 的吸附平衡及动力学研究 [J]. 环境污染与防治, 2015, 37 (7): 111.
[35] 金凤英, 朱玉玲, 康凯. 伊利石矿床成因类型及应用 [J]. 吉林地质, 2006, 25 (3): 20-23.
[36] 樊素兰. 非金属矿产品质量标准手册 [M]. 北京: 地质出版社, 1993.
[37] 王少阳, 祁欣, 罗旭东, 等. 白云石的应用进展 [J]. 耐火材料, 2022, 56 (1): 88-92.
[38] 徐敬尧, 肖睿, 田祎兰, 等. 伊利石的开发利用现状 [J]. 有色矿冶, 2005, 21 (2): 13-15.
[39] 王玉国. 伊利石开发利用初探 [J]. 河北化工, 2002 (2): 14-15.
[40] 郭爱峰, 严春杰, 胡珊, 等. 伊利石在天然橡胶中的应用研究 [J]. 非金属矿, 2009, 32 (1): 5-7.
[41] 崔越昭. 中国非金属矿业 [M]. 北京: 地质出版社, 2008.
[42] 黄万抚, 王淀佐. 非金属矿物材料的改性研究 [J]. 矿产保护与利用, 1998 (2): 9-11.
[43] 孙宝岐, 吴一善, 梁志标, 等. 非金属矿深加工 [M]. 北京: 冶金工业出版社, 1995.
[44] 陈芸. 有机膨润土的应用 [J]. 砖瓦世界, 1985 (2): 45.
[45] 卢继美, 黄万抚. 略论蛇纹石矿的综合利用 [J]. 江西有色金属, 1992 (2): 82-87.
[46] 孙朋成. 三种环境材料对土壤铅镉固化及氮肥增效机理研究 [D]. 北京: 中国矿业大学 (北京), 2016.
[47] Nagamori M, 巫汉泉. 用煅烧和化学方法使蛇纹石中的氧化镁活化——石棉尾矿的利用 (述评) [J]. 矿产保护与利用, 1981 (3): 101-114.
[48] 小博尔德. 镍: 提取冶金 [M]. 北京: 冶金工业出版社, 1997.
[49] 张文毓, 全识俊. 石墨烯应用研究进展 [J]. 传感器世界, 2011 (5): 57-59.
[50] 冯卫东. IBM 展示运行速度最快的石墨烯晶体管 [J]. 现代物理知识, 2010 (1): 27.
[51] 周艳华, 潘泽真, 张伟伟, 等. 轻质发泡陶瓷砖的制备研究 [J]. 中国陶瓷, 2021, 57 (10): 56-61, 67.
[52] 张文毓. 石墨烯应用研究进展综述 [J]. 新材料产业, 2011 (7): 12.
[53] 王利剑, 郑水林. 我国无机包覆粉体制备研究现状 [J]. 化工矿物与加工, 2005 (1): 12.
[54] 刘英俊. 滑石粉在塑料中的改性作用及应用展望 [J]. 中国非金属矿工业导刊, 2005 (4): 3-7.
[55] 王广驹, 杨春广. 世界硅灰石生产、消费及国际贸易 [J]. 中国非金属工业导刊, 2005 (5): 57-59.

[56] 刘英俊．碳酸钙在塑料薄膜中的应用［J］．中国非金属矿工业导刊，2006（1）：6-9.
[57] 宋宝祥．造纸用功能非金属矿物粉体材料的开发与应用［C］//2005 年涂布加工纸技术及造纸化学品应用国际技术交流会论文集，山东省科学技术协会，2005.
[58] 黄春，程亦，陈腾飞．生白云石渣补技术在转炉护炉中的应用［J］．山西冶金，2023，46（12）：227-229.
[59] 沈万慈．石墨产业的现代化与天然石墨的精细加工［J］．中国非金属矿工业导刊，2005（6）：3-7.
[60] 吴铁轮．我国高岭土市场现状及发展趋势［J］．非金属矿，2005（4）：12.
[61] 吴小缓，王文利．世界高岭土生产概况［J］．中国非金属矿工业导刊，2005（4）：12.
[62] 陆赵情，张美云，朱光云，等．国内外云母纸对比分析［J］．中华纸业，2010（23）：74-76.
[63] 杨艳．胶体石墨的制备方法［J］．碳素译丛，1997（3）：16.
[64] 杜杰．广西某低品位粉石英矿反浮选试验研究［J］．中国非金属矿工业导刊，2011（1）：15.
[65] 张秀丽，曹新，赵增迎．改性硅藻土处理含重金属 Cu^{2+} 废水［J］．中国非金属矿工业导刊，2007（1）：58-59.
[66] 党玮，宋心诚，石岭，等．改性硅藻土处理含磷废水的研究［J］．胶体与聚合物，2009，27（4）：25-27.
[67] 黄昆，薛洪海，张歌珊，等．低品位硅藻土对有机染料的吸附性能［J］．吉林大学学报：理学版，2010，48（4）：15.
[68] 曹亚锋，王平，罗文连，等．硅藻土的改性以及处理重金属废水的研究进展［J］．环境科学与管理，2010，35（7）：85-88.
[69] 叶力佳，杜玉成．硅藻土对重金属离子 Cu^{2+} 的吸附性能研究［J］．矿冶，2005，14（3）：18.
[70] 侯燕，杨云龙．硅藻土处理工业废水中铜离子的研究［J］．科学技术与工程，2010，10（11）：2807-2809.
[71] 文艳，林金辉．微晶白云母的脱硅工艺研究［J］．广州化工，2011（1）：79-81.
[72] 王勇．石墨烯-蛇纹石添加剂成膜机理及摩擦磨损性能研究［D］．济南：济南大学，2017.
[73] 张乃娴．粘土矿物研究方法［M］．北京：科学出版社，1990.
[74] 薛茹君，朱克亮．煤系高岭岩脱硅技术［J］．非金属矿，2000，23（6）：9-11.
[75] 于蕾，易发成．绢云母回收的试验研究［J］．中国非金属矿工业导刊，2010（6）：29-30，36.
[76] 曾细龙．选矿尾矿中绢云母的回收工艺及研究现状［J］．湖南有色金属，2004，6（3）：8-10.
[77] 陈建文．尾矿综合利用——银山铅锌矿从尾矿中回收绢云母［J］．环境与开发，1997（4）：8-9.
[78] 丁浩．中国绢云母资源综合利用现状与前景［J］．中国矿业，1996，5：14-18.
[79] 高惠民，张凌燕，刘理根，等．浙江伊利石绢云母矿物漂白试验研究［J］．化工矿物与加工，1996（1）：43-44.
[80] 刘兆勋，李祥瑞，秦泽秀，等．超细电气石复合材料的制备及应用研究进展［J］．化工新型材料，2024，52（5）：45-51.
[81] 袁领群，雷绍民．云母湿法磨细技术研究［J］．非金属矿，1993（3）：16-17，29.
[82] 王胜杰，李强．硅橡胶/蒙脱土复合材料的制备，结构与性能［J］．高分子学报，1998（2）：149-153.
[83] 徐平坤．水泥回转窑用白云石质耐火材料的研究进展［J］．工业炉，2023，45（6）：14-17，27.
[84] 陈国华．利用高岭土尾矿制备低温烧结微晶玻璃［J］．矿产综合利用，2005，6（3）：16.
[85] 罗秀芬，童长青，周云龙，等．高岭土尾矿对亚甲基蓝的吸附行为的研究［J］．广东化工，2011，38（4）：76-78.
[86] 徐洪国，水中和，章瑞，等．偏高岭土对水泥石热膨胀性能的影响［J］．硅酸盐通报，2011，30（2）：278-281.

[87] 夏光华，王振华，苏小丽. 高岭土还原络合漂白工艺中络合剂的选择 [J]. 硅酸盐通报，2011，30 (2)：331-335.

[88] 冯惠敏，贺霞. JDF蒙脱石粘土凝胶制备及其在化妆品中的应用 [J]. 非金属矿，1991 (2)：32-34.

[89] 杨娇，谢威，刘超. 膨润土矿床成因类型及应用 [J]. 科技信息，2010 (34)：758-760.

[90] 蒋正武. 膨润土在建材工业中的应用研究进展 [J]. 中国非金属矿工业导刊，2004，38 (1)：16-18.

[91] 王海宁，余娜. 膨润土在环境污染治理中的应用 [J]. 矿业工程，2005，10 (5)：44-45.

[92] 李静静，邱俊，吕宪俊. 膨润土在涂料中的应用性能研究 [J]. 中国非金属矿工业导刊，2006 (4)：15-17.

[93] 徐建军，张传顺，管继南. 硅藻土的应用及研究进展 [J]. 广西轻工业，2010 (5)：23-24.

[94] 廖经慧，杜高翔，郭伟娟，等. 硅藻土作为橡胶补强填料的应用研究 [J]. 中国非金属矿工业导刊，2011 (2)：19-21.

[95] 李芳，林红岩，孙艳萍. 硅藻土用于污水处理 [J]. 油气田地面工程，2006 (10)：25-26.

[96] 佘晓燕. 硅藻土在内墙装饰中的应用研究 [J]. 新型建筑材料，2010 (12)：91-92.

[97] 尹立中. 硅藻土在造纸领域的应用现况 [J]. 纸和造纸，2010，30 (3)：82.

[98] 李兆龙. 硅藻土在日用化工中的应用 [J]. 今日科技，1993 (6)：5-6.

[99] 汤璐，薛永萍. 云母钛珠光颜料的研究 [J]. 现代商贸工业，2008，20 (2)：277-278.

[100] 苑金生. 云母钛珠光颜料在陶瓷中的应用 [J]. 陶瓷，2010 (5)：43-45.

[101] 马壮，邰世喜，李智超. 坡缕石性能及应用现状 [J]. 硅酸盐通报，2011，30 (3)：583-586.

[102] 刘焱，于钢. 海泡石在造纸工业中的用途 [J]. 纸和造纸，2009，28 (9)：43-47.

[103] 丛丽娜，孟令国，刘明星，等. 海泡石矿物的应用研究进展 [J]. 中国资源综合利用，2008，26 (6)：9-11.

[104] 李玉平，卢君，郑廷秀，等. 海泡石在杀虫建筑涂料研制中的应用 [J]. 非金属矿，2004，27 (1)：22-24.

[105] 张家明. 用糖制备高质量石墨烯片的技术 [J]. 现代材料动态，2011 (4)：10.

[106] 史永胜，李雪红，宁青菊. 石墨烯的制备及研究现状 [J]. 电子元件与材料，2010 (8)：70-72.

[107] 袁欢. 新型保水缓释肥料的制备以及在草坪上的应用研究 [D]. 天津：天津大学，2017.

[108] 冯培怀. 云母综合利用 [M]. 北京：中国建筑工业出版社，1984.

[109] 王光华，董发勤. 电气石的功能属性及应用 [J]. 中国非金属矿工业导刊，2007 (5)：9-11，31.

[110] 林森，孙仕勇，申珂璇，等. 电气石的环境功能属性及其复合功能材料应用研究 [J]. 材料导报，2017，31 (13)：131-137.

[111] Chen Z，He L，Shen S，et al. Natural tourmaline activated peracetic acid for efficient degradation of sulfadiazine：Reaction mechanisms and catalyst reusability [J]. Progress in Natural Science：Materials International，2023，33 (4)：458-466.

[112] Rackauskas S，Nasibulin A G，Jiang H，et al. A novel method for metal oxide nanowire synthesis [J]. Nanotechnology，2009，20 (16)：165603.

[113] 邓苗，汪灵，林金辉. 川西微晶白云母的X射线粉晶衍射分析 [J]. 矿物学报，2006，26 (2)：131-136.

[114] 莫尊理，孙豫，郭瑞斌，等. 电气石的性能及应用研究进展 [J]. 硅酸盐通报，2011，30 (4)：822-826.

[115] 沈恋，郑允星，赵长春. 电气石自发极化特性的研究及发展现状 [J]. 中国科技信息，2009

(7)：38，40.
[116] 李福功，李素珍，刘永先．健康新型材料——托马琳在饮用水净化中的作用［J］．陶瓷，2003 (6)：34-36.
[117] 林晨，王清春，刘学梅．不同铜含量铜-电气石复合散热材料的制备与性能［J］．机械工程材料，2019，43（4）：30-34.
[118] 夏枚生，张红梅，胡彩虹，等．电气石对海水 pH 值的调控［J］．应用生态学报，2005，16 (10)：1972-1975.
[119] 骆靖中．电气石的特性及其在健康与环保领域的新用途［J］．中国非金属矿工业导刊，2007 (6)：17-19.
[120] 李冷，涂文懋，曾宪滨．云母微粉碎研究［J］．武汉工业大学学报，1995（3）：28-32.
[121] 曹霞，朱卫勇，李国亭，等．电气石粉对亚甲基蓝的吸附去除试验［J］．江苏农业科学，2016，44（7）：481-484.
[122] 丁承刚，王海洋，刘非．吉林省电气石资源开发利用前景［J］．吉林地质，2008，27（4）：69-70.
[123] 王宝琳，王翠苹，余力，等．电气石和沸石对土壤-小麦幼苗系统中重金属行为的影响［J］．环境化学，2013，32（9）：1700-1705.
[124] 赵伟杰，谭平恒．石墨烯的制备、表征、性质及应用［J］．物理教学，2010，32（12）：2-3.
[125] 王晓燕，冀志江，王静，等．我国电气石资源分布及应用进展［C］//中国科学技术协会，重庆市人民政府，中国硅酸盐学会房屋建筑材料分会，房建材料与绿色建筑，中国建筑材料科学研究总院绿色建筑材料国家重点实验室，2009.
[126] 齐男，梁成华，王雪，等．热改性蛇纹石吸附剂除镉性能研究［J］．资源与产业，2015，17 (4)：56-60.
[127] 彭祥玉，刘文刚，王本英，等．蛇纹石综合利用现状与展望［J］．矿产保护与利用，2019，39 (4)：99-103，120.
[128] 潘兆橹，赵爱醒，潘铁虹．结晶学及矿物学（下册）［M］．北京：地质出版社，1993.
[129] 周佳骥，宋文波，刘宏马．石墨烯——未来材料之星［J］．物理与工程，2011，21（2）：57-59.
[130] 曹春艳．蛇纹石对重金属吸附机制及对土壤重金属赋存形态影响［D］．沈阳：沈阳农业大学，2017.
[131] 黄万抚，卢继美．从蛇纹石矿中综合回收镁，镍［J］．中国物资再生，1992（9）：8-10.
[132] 魏健，刘渝燕，张开永．电气石应用专属性研究［J］．非金属矿，2006（1）：34-36.
[133] 尚方方．蛇纹石-粘土复合颗粒吸附含氟地下水试验研究［D］．阜新：辽宁工程技术大学，2017.
[134] 邓苗，汪灵，林金辉．川西微晶白云母的矿物学特征研究［J］．矿物岩石，2006，26（2）：12.
[135] 袁灿．蛇纹石制取高纯氧化镁的研究［D］．武汉：华中科技大学，2009.
[136] 刘振敏．中国伊利石粘土矿概述［J］．化工矿产地质，2002，24（1）：28-32.
[137] 徐平坤．利用白云石资源开发镁钙质耐火材料［J］．耐火与石灰，2024，49（3）：6-11.
[138] 王新宇，漆宗能．尼龙 6/粘土纳米复合材料的制备［J］．合成纤维，2005（3）：19.
[139] 李微微，严春杰，雷新荣．高岭土产业市场调查［J］．化工矿物与加工，2006（2）：4-6.
[140] 将侃．电气石对废水中重金属离子 Cu^{2+}、Pb^{2+}、Zn^{2+} 的吸附特性研究［D］．沈阳：东北大学，2005.
[141] 张巍．白云石的应用进展［J］．矿产保护与利用，2018（2）：130-144.
[142] 吴诗德，宋彦良，李超，等．石墨烯材料的制备及其在电化学领域的应用［J］．材料导报，2011，25（5）：55-59.
[143] 代波，邵晓萍，马拥军，等．新型碳材料——石墨烯的研究进展［J］．材料导报，2010（3）：17-

21.
[144] 邓晓阳. 白云石制备高品质镁、钙产品的研究［D］. 沈阳：沈阳化工大学，2022.
[145] 黄鸿. 云母纸的生产工艺及应用［J］. 中华纸业，2004（11）：29-31.
[146] 洪恋. 白云石与菌剂配施对酸性土壤改良及温室气体排放的影响［D］. 武汉：华中农业大学，2023.
[147] 李力松. 不同蛋白含量饲料对稻蟹共作模式中土壤微生物的影响及白云石对其处理效果研究［D］. 沈阳：沈阳农业大学，2023.